David Keulert

2. Auflage

Oertel+Spörer

Bildnachweis
Titelbild: © Zharastudio, Fotolia
Innenteilbilder: David Keulert S. 10, 34, 134; Lars Meyer S. 44, 100, 124.
Alle anderen Bilder von Dr. Gabriele Lehari.

Haftungsausschluss
Die Hinweise in diesem Buch wurden von dem Autor sorgfältig recherchiert und geprüft. Es können jedoch keinerlei Garantien übernommen werden. Eine Haftung des Autors, des Verlags und seiner Beauftragten für Personen-, Sach- und Vermögensschäden ist ausgeschlossen.

Bibliografische Information der Deutschen Nationalbibliothek
Die Deutsche Nationalbibliothek verzeichnet diese Publikation in der Deutschen Nationalbibliografie; detaillierte bibliografische Daten sind im Internet über http://dnb.d-nb.de abrufbar.

Postfach 16 42 · 72706 Reutlingen
2. Auflage

Lektorat: Dr. Gabriele Lehari
Layout und Satz: Oertel+Spörer Verlags-GmbH+Co. KG, Bettina Mehmedbegović
Druck und Bindung: AZ Druck und Datentechnik GmbH, Kempten/Allgäu
Printed in Germany
ISBN 978-3-88627-864-0

INHALT

Gewidmet meiner Chihuahua-Hündin Amy.
Die mir gezeigt hat, dass auch kleine Hunde ganz groß sein können, und mit der ich jeden Tag ein neues Abenteuer erleben darf.

VORWORT

Das ist aber auch der typische Schoßhund, oder? Diese Frage höre ich oft, immer wieder sogar, wenn ich mit meiner kleinen Chihuahua-Hündin Amy unterwegs bin. Wir beide sind ein eingespieltes Team, ein Dream-Team würde man wohl sagen, denn schon seit ich denken kann, wollte ich stets einen kleinen Chihuahua an meiner Seite haben. Als Mann ist das durchaus ungewöhnlich, genauso ungewöhnlich wie auf einen Schoßhund oder Handtaschenhund angesprochen zu werden. Ich erkläre den Leuten dann immer, dass es sogenannte „Schoßhunde" gar nicht gibt. Deutlich wird durch solche Fragen letztendlich aber auch nur, dass kleine Hunde immer noch ein einziges Klischee sind.

Ein Klischee, welches ich mit meinem Buch „Kleine Hunde richtig erziehen" nicht nur widerlegen, sondern auch gänzlich abschaffen wollte. Auch kleine Hunde sind ganz normale Hunde mit ganz natürlichen Bedürfnissen und entsprechendem Verhalten. Das kam allgemein gut an, denn endlich stellte mal jemand klar, dass es den typischen Schoßhund eben gar nicht gibt und auch mit kleinen Hunden viel gearbeitet, trainiert und geübt werden kann, muss und sollte.

Vor allem die artgerechte Erziehung ist mir dabei nach wie vor ein großes Anliegen. Hunde brauchen Spiel, Spaß, Bewegung – genau wie konsequente Erziehung, Disziplin und einen souveränen Rudelführer. All diese Punkte habe ich in meinem ersten Buch abgehandelt, doch das heißt natürlich nicht, dass jetzt schon Schluss mit dem Thema ist. Ungeklärte Fragen gibt es nämlich immer noch und die, die es zuvor falsch gemacht haben, brauchen Tipps und Tricks für die richtige Beschäftigung jeden Tag. Nach der Erziehung kommt nun also der Alltag und im Alltag zeigt sich dann, wie zuverlässig ein Hund wirklich ist und wie gut er denn tatsächlich hört, wenn entsprechende Ablenkungen vorhanden sind. Doch vor allem vergessen die meisten Halter kleiner Hunde, dass die Vierbeiner eine Menge Bewegung brauchen, gefordert werden wollen und mit dem Menschen, nicht neben ihm leben möchten – in einem echten Rudel eben.

Außerdem sieht die Wahrheit sogar so aus, dass kleine Hunde oft noch aktiver und aufmerksamer als die großen sind, vielleicht sogar mehr Bedürfnisse haben als so manch übergroßes Exemplar. Während Letztere sich nämlich auch gern mal in die Ecke legen, strotzen die kleinen oft nur so vor Energie und Tatendrang, würden manchmal am liebsten den ganzen Tag aktiv sein und etwas Spannendes unternehmen.

Weil das nicht geht und das auch nicht das Ziel ist, muss für entsprechende Beschäftigung gesorgt werden. Wer hier nachlässig ist, wundert sich dann oft, warum sein Hund so „nervig" ist, warum er niemals ruhig sein kann, weshalb er immer Aufmerksamkeit braucht und fordert oder warum er ständig nur Blödsinn macht. Dabei ist auch das eigentlich ganz einfach, denn ein kleiner Hund, der richtig gefordert und beschäftigt wird, ist ein zufriedener Hund. Zufriedene Hunde sind glückliche Hunde, ruhige Hunde, liebe Hunde. Und so schließt sich der Kreis einer rassengerechten Erziehung von kleinen Hunden wieder, die auch im Alltag ihre kleinen Besonderheiten haben und ihre ganz „spezielle" Aufmerksamkeit brauchen. Aber genau deshalb lieben wir sie ja, oder etwa nicht? Ich auf alle Fälle, denn nichts macht mehr Freude als ein Hund, mit dem man wirklich arbeiten und kommunizieren kann.

Doch nun erst einmal viel Spaß beim Lesen. Ich hoffe das Buch ist eine Inspiration für Sie, mit der Sie Ihrem Hund genügend Abwechslung im Alltag bieten können, mit der Sie aber auch eigene Ideen kreieren und kreativ komplett Neues erfinden. Das Buch soll vor allem Impulse für den richtigen Umgang im Alltag geben, damit alle Kleinhunde dieser Welt glücklich und zufrieden leben dürfen.

TIPPS FÜR DEN ALLTAG

Häufig werden Kleinhunde systematisch umerzogen. Sie gelten als Spielzeug und es gibt sogar den Begriff von „Toy"-Hunderassen: Hunde, die nur als Spielzeug gezüchtet werden, die als Spielzeug gelten, wie ein Gegenstand. Genau das ist natürlich Quatsch, denn selbst die kleinsten und süßesten Hunde dieser Welt sind eben immer noch Hunde. Sie schnüffeln wie Hunde, sie laufen wie Hunde, sie möchten die Welt erleben wie Hunde, sie orientieren sich an ihrem Rudel wie alle anderen Hunde auch. Sie möchten nicht in eine Handtasche gesteckt oder ständig auf den Arm genommen werden und möchten auch keinen Pullover oder sonstige Kleidung anziehen.

In diesem Buch möchte ich jetzt aber nicht noch einmal auf die Grundlagen der Erziehung von Kleinhunden eingehen wie in meinem anderen Ratgeber, ich möchte nur unmissverständlich klarstellen, dass es den Schoßhund eben einfach nicht gibt – vor allem weil es mir wichtig ist, dass die kleinen Wesen artgerecht erzogen und behandelt, aber eben auch korrekt ausgelastet werden.

Der beste Beweis dafür ist meine Chihuahua-Hündin Amy. Sie rast im Winter ganz ohne Kleidung durch den tiefen Schnee, geht auch bei regnerischem Wetter gern durch den matschigen Wald, rennt neben dem Fahrrad her oder spielt mit anderen Hunden auf der Wiese. Keine Spur von antrainierter Angst oder künstlicher Scheu! Sie will nicht auf den Arm, braucht weder Tasche noch Kleidung, fühlt sich auf dem Land genauso wohl wie mitten in der Stadt, beim Fahren mit dem Bus oder der Bahn. Sie ist eben ein echter Hund!

Dumme Hunde, kluge Hunde?

In diesem Buch geht es um kreative Spiele, Tricks und um die artgerechte Beschäftigung und Arbeit für Ihren Kleinhund. Aber vorab ein paar Worte zur Intelligenz von Hunden.

Häufig wird ja behauptet, dass bestimmte Hunde(rassen) intelligenter sind als andere und daher auch viel schneller irgendwelche Tricks lernen oder Arbeiten ausführen können. Letztendlich kann man aber nicht sagen, dass manche Hunde klüger sind als andere. Denn wie schnell ein Hund lernt und was man ihm wirklich beibringen kann, hängt vor allem davon ab, wofür er ursprünglich verwendet wurde. Rassen, die zum Bewachen oder für die Jagd gezüchtet wurden, müssen häufig selbstständig arbeiten und eigene Entscheidungen treffen. Sie überlegen, ob es überhaupt sinnvoll ist, eine bestimmte Aufgabe durchzuführen. Hütehunde arbeiten dagegen mit ihren Menschen zusammen und müssen auf die kleinsten Zeichen oder Kommandos richtig reagieren. Daher sind sie natürlich für gemeinsamen Sport oder tolle Tricks viel eher zu begeistern und manchmal auch richtige „Workaholics".

Viele Hundefreunde wollen aber gar keinen Hund, der ständig „unter Strom" steht und arbeiten möchte. Denn solche Hunde sind oft sehr sensibel und reagieren stark auf ihre Umgebung, wollen ständig beschäftigt und richtig gefordert werden. Sie brauchen einen „Job" und einen Rudelführer, der sie versteht und ihren Bedürfnissen nachkommen kann. Viele Menschen möchten lieber einfach einen problemlosen Familienhund, der sich an den Alltag der Familie anpasst, nicht ständig bespaßt werden muss und auch mal allein bleiben kann.

Jeder sollte sich daher darüber im Klaren sein, zu welchem Typ der eigene Vierbeiner gehört. Einige mögen mehr Bewegung und Suchspiele, andere apportieren gern und wieder andere strengen lieber ihren Kopf an, um kniffelige Aufgaben zu lösen, statt in der Gegend herumzurennen.
Als Halter muss ich meinen Hund richtig einschätzen können, um zu wissen, was er verstehen kann und was nicht, welche Aufgaben für ihn geeignet sind und welche eher weniger.

Für jeden Typ Hund finden Sie hier geeignete Spiele. Dieses Buch dient als Leitfaden, als Nachschlagewerk, als Ideensammlung für eine Beschäftigung über das ganze Jahr und vor allem auch zu jeder Jahreszeit.

Was für ein Typ ist mein Hund?

Um schon einmal ein Gefühl dafür zu bekommen, was Ihrem Hund am meisten liegt, können Sie ein paar schnelle Tests mit ihm durchführen. Die Übungen dienen als kleine spielerische Herausforderung und je nachdem, wie schnell Ihr Hund diese Aufgaben bewältigen kann, können Sie ihn ein wenig besser einschätzen.

Decke abschütteln

Der Klassiker ist das Spielchen mit der Decke. Legen Sie Ihrem Hund eine Wolldecke über den Kopf und stoppen Sie die Zeit, bis er diese abgeschüttelt hat. Die Decke sollte er vorher schon kennengelernt bzw. beschnüffelt haben. Alles unter 20 Sekunden ist schon hervorragend und für Ihren Hund sind solche Herausforderungen offensichtlich genau das Richtige.

Futter versperren

Ein weiterer Test ist das Verstecken von Futter. Sie können seinen Futternapf mit einem Brettchen abdecken und schauen, wie er darauf reagiert. Hebt er das Brettchen von unten an, hat er durchschaut, wie das Ganze funktioniert. Schiebt er es nur zur Seite, ist das auch noch okay. Kommt er mit der Situation dagegen nicht so richtig klar und weiß nicht weiter, braucht er bei solchen Aufgaben noch Ihre Unterstützung.

Alternativen gibt es hier viele. Stecken Sie zum Beispiel ein Leckerli in eine alte Pappschachtel und verschließen Sie diese wieder. Präparieren Sie die Packung dann so, dass der Hund den Verschluss mit seiner Schnauze aufziehen könnte, wenn er entdeckt, wie es funktioniert. Hunde, die schon beim Einpacken zugesehen und aufgepasst haben, wissen meist genau, was zu tun ist. Sie öffnen die Packung dann ganz gezielt an der richtigen Stelle und auch beim erneuten Versuch wissen sie noch, wie es funktioniert.

Andere Hunde reißen dagegen einfach an der Pappe herum, versuchen eine Öffnung hineinzubeißen oder zerfetzen den Karton mit ihren Zähnen, ohne überhaupt die Öffnung zu sehen oder nach ihr zu suchen. Letztere sind dann eher weniger für solch kniffelige Aufgaben geeignet.

Leckerli finden

Das Gedächtnis Ihres Hundes kann ebenfalls ein wenig auf die Probe gestellt und getestet werden. Verstecken Sie gemeinsam mit Ihrem Hund ein Leckerli in der Wohnung. Verstecken Sie es nicht zu gut, platzieren Sie es nur so, dass es nicht sofort beim Betreten des Raumes sichtbar ist. Ihr Hund ist die ganze Zeit dabei und sieht Ihnen zu. Jetzt verlassen Sie mit ihm den Raum und warten eine Zeit lang in einem anderen. Dann betreten Sie das Zimmer erneut und beobachten Ihren Hund.

Läuft er jetzt ganz gezielt zum Leckerli, hat er ein gutes Gedächtnis. Je nach Wartezeit kommt hier natürlich das Kurz- bzw. Langzeitgedächtnis zum Einsatz. Testen Sie einfach unterschiedliche Zeitabstände, um ein Gespür dafür zu bekommen, wie gut Ihr Hund sich Dinge merken kann und wie aufmerksam er Ihnen zuschaut.

Am Ende möchte ich noch einmal erwähnen, dass solche Tests für Hunde niemals überbewertet werden sollten. Sie dienen hier wirklich nur dazu, ein erstes Gespür dafür zu bekommen, was der Hund so leisten kann und wie er verschiedene Situationen meistert. Nicht mehr, nicht weniger.

Das richtige Spielzeug

Das richtige Spielzeug zu finden ist im Grunde keine komplizierte Sache, nur gibt es auch hier das eine oder andere zu beachten. So ist nicht jedes Spielzeug gleich ungefährlich und vor allem ist nicht jedes Produkt auch für jedes Wetter geeignet. Das Spielzeug selbst ist aber wichtig, denn viele Hunde brauchen und mögen ihre kleinen Dinge, die sie dann mit herumschleppen können und mit denen sie sich auch mal ganz allein beschäftigen dürfen, wenn gerade niemand da ist oder Zeit für sie hat.
Dabei müssen Sie es allerdings auch nicht übertreiben, denn ein Hund braucht nicht Dutzende von Plastikknochen und einen Haufen Kuscheltiere. Vielmehr sollten ganz bewusst einige besondere und hochwertige Spielzeuge ausgewählt werden, die dann auch ganz exklusiv und intensiv genutzt werden dürfen. Also Qualität vor Quantität, zumal nicht jedes Spielzeug, welches es zu kaufen gibt, auch gleich gut für Ihren Vierbeiner ist.

Spielzeug für daheim

So empfiehlt es sich beispielsweise für nahezu jeden Hund, ein kleines Tau oder Stoff-Spielzeug zu besorgen. Mit diesem kann er seinen Kautrieb ausleben, es in der Wohnung nutzen, es mit sich herumtragen und auch mal ein wenig mit Herrchen oder Frauchen spielen. Das Spielzeug bleibt immer sauber, wird nur in der Wohnung verwendet und darf fast immer beim Hund selbst bleiben, sodass er sich auch mal allein damit beschäftigen kann. Es ist quasi die Grundausrüstung für Ihren Vierbeiner.

Spielzeug für unterwegs

Das zweite ist ein Spielzeug für unterwegs. Es sollte aus Kunststoff bestehen, was gerade bei schlechtem Wetter nützlich ist, um hinterher den Schmutz einfach wieder abwaschen zu können. Das Spielzeug kann so auch im Garten und Wald genutzt werden, wobei eine leuchtende Farbe hier von großem Vorteil ist. Ein knallroter oder leuchtend blauer Ball ist im Wald und auf der Wiese deutlich einfacher zu finden als ein dunkelgrüner. Glauben Sie mir, denn ich spreche da aus Erfahrung und habe schon viel Zeit mit dem endlosen Suchen von Spielzeug auf den Wiesen und in den Wäldern dieser Welt verbracht. Dieses Spielzeug bekommt der Hund dann auch nur unterwegs. Er kann also nicht frei darüber verfügen und freut sich daher im besten Fall schon vor dem Spaziergang darauf.

Spielzeug zum Kuscheln

Wer seinem Hund als drittes noch ein Kuscheltier kaufen möchte, sollte ebenfalls einige Punkte beachten. Das Material muss geeignet sein und darf keine Giftstoffe enthalten. Vor allem muss man aber auf die Augen des Kuscheltiers achten. Wenn diese aus Hartplastik sind und eventuell zu locker sitzen, kann und wird

der Hund diese mit seinem Maul irgendwann lösen, eventuell verschlucken und im schlimmsten Fall in der Notaufnahme landen. Greifen Sie also lieber sofort zu einem Kuscheltier aus der Tierhandlung, wobei aber auch hier nicht blind zugegriffen werden sollte. Ich persönlich habe auch im Fachhandel schon Produkte gesehen, die nicht unbedingt geeignet waren und zum Teil lockere Plastikteile enthielten. Genau hinzuschauen ist also angebracht, denn nicht alles, was verkauft wird, ist auch gleich sicher, geprüft oder gar sinnvoll/nützlich. Wenn aber das richtige Kuscheltier gefunden ist, lieben es die meisten Hunde sehr.
Doch Plüschtiere beinhalten auch weitere Probleme: Manche Hündinnen werden nach ihrer Läufigkeit scheinträchtig und behandeln ihr Kuscheltier dann wie einen Welpen. Das kann zu einem echten Problemfall werden, weshalb Stofftiere in den Zeiten der Läufigkeit – also kurz davor und danach – unbedingt entfernt werden sollten. Sicher ist sicher.

Der richtige Schlafplatz

Genauso wichtig wie das richtige Spielzeug ist selbstverständlich auch der Schlafplatz des Hundes. Nun mag sich manch einer die Frage stellen, was der Schlafplatz mit dem Spielen zu tun hat, doch die Verbindung ist offensichtlicher, als es zunächst einmal scheint.
Egal zu welcher Jahreszeit und bei welchem Wetter – nach dem Spielen und Spazierengehen möchte Ihr Hund auf seinen Platz, möchte sich ausruhen und sich wohlfühlen, vielleicht ein wenig schlafen, vielleicht nur daliegen. Das sollte er auch dürfen, denn draußen wird getobt, drinnen dagegen herrscht Ruhe. Doch nicht jeder Platz eignet sich und außerdem benötigen Hunde auch mehr als nur ein Körbchen.

Das gilt auch für Kleinhunde, denn die sollten keinesfalls immer auf der Couch oder im Bett liegen. Das ist bei Matschwetter zum einen alles andere als schön, vor allem brauchen aber auch die kleinen Hunde klare Regeln.
Keine Frage, kuscheln auf der Couch möchte bestimmt jeder Kleinhundehalter irgendwann einmal, doch das Hüpfen auf die Couch sollte nicht unkontrolliert geschehen, sondern nur mit Erlaubnis. Gewöhnt sich der Hund daran, ständig und überall hinaufhüpfen zu dürfen, sind Probleme mit der Rangordnung quasi schon vorprogrammiert, mal abgesehen von den Problemen mit der weißen Couch Ihrer Freunde, wenn Sie mal mit Ihrem Hund zu Besuch kommen und es draußen verregnet ist. Genau deshalb ist es so wichtig, dass auch kleine Hunde ihren eigenen Platz haben und lernen, diesen auch wirklich zu benutzen.

In der kalten Jahreszeit, also vor allem im Winter, aber auch an den noch oder schon kalten Tagen im Frühjahr und im Herbst, ist ein warmer Platz ideal, damit sich der Hund nach langen Spaziergängen im Schnee, Matsch oder Regen wieder aufwärmen und trocknen kann. Ihr Hund muss sich daheim wohlfühlen und sich einkuscheln können. Im Idealfall steht das Körbchen in den kalten Jahreszeiten daher in der Nähe der Heizung. Zu beachten gibt es hier nur, dass ein Alternativplatz abseits der Heizung vorhanden sein sollte. Nach dem Spaziergang schicken Sie Ihren Hund daher erst einmal auf seinen Platz nahe des warmen Heizkörpers. Später kann er sich dann auch gern woanders hinlegen, doch zum Trocknen und Aufwärmen ist der warme Platz erst einmal ideal. Am besten legen Sie noch ein trockenes Handtuch mit in das Körbchen, welches die restliche Feuchtigkeit aus dem Fell besser aufnehmen kann und den Schlafplatz sauber hält.
Im Sommer ist die Heizung natürlich abgeschaltet, doch es gibt Rassen (wie beispielsweise Bulldoggen), die schnell überhitzen können. Also gilt es nun, das war-

me Körbchen des Hundes gegen eine kühle Matte oder ein Körbchen mit glattem, kühlem Material auszutauschen. So fühlen sich die Kleinen auch bei Hitze wohl, was natürlich nicht heißt, dass sie permanent gekühlt werden müssen. Doch auch hier gilt wieder das Draußen-und-Drinnen-Prinzip. Draußen werden sie beim Spielen warm und liegen im Garten in der Sonne, drinnen ist es meist schön kühl und schattig. Dies sollte man mit dem richtigen Schlafplatz bzw. Körbchen einfach sanft unterstützen.

Bewegung ist wichtig

Beim Thema Bewegung denken nun viele sicherlich daran, mit ihrem Hund zu joggen oder meilenweit zu rennen. Doch mit Bewegung meine ich vielmehr die täglichen Spaziergänge. Es gibt tatsächlich immer noch viele Hundehalter, für die mehrere Spaziergänge am Tag absolut nicht normal sind. Ein Spaziergang reicht, dann geht es ab zur Arbeit, der Hund bleibt stundenlang allein daheim – eine Ewigkeit! Oder er darf mit zur Arbeit, liegt dort aber nur herum und bekommt keinerlei Aufmerksamkeit mehr. Manche gehen mit ihren Hunden sogar überhaupt nicht spazieren. Traurig, aber wahr!

Dabei ist es mir ein persönliches Anliegen zu vermitteln, dass auch kleine Hunde ihre drei bis vier Spaziergänge pro Tag benötigen. Sie wollen wie ihre großen Vettern ebenso im Wald Gerüche wahrnehmen und nicht immer nur an der Leine durch den kleinen Park laufen. Es ist nun einmal das Wesen eines Hundes und wurde bei kleinen Rassen nicht einfach herausgezüchtet oder abgestellt, auch wenn das manch einer zu glauben scheint.

Bei zu wenig Bewegung ist es nur eine Frage der Zeit, bis der Hund „nervig" wird, gegenüber anderen Hunden Auffälligkeiten zeigt oder unerwünschte Verhaltensmuster in Erscheinung treten. Wenn grundlegende Bedürfnisse des Tieres nicht erfüllt werden, dann treten allerlei Probleme auf. Und für den Geist und die Seele eines Hundes ist es nun einmal wichtig, jeden Tag mehrmals spazieren gehen zu dürfen.
Viel Auslauf und Bewegung, viele neue Gerüche und auch mal unterschiedliche Orte – das sind die elementaren Dinge, die Ihren Hund wirklich glücklich machen, die ihn erfüllen und die ganz nebenbei dafür sorgen, dass er ausgeglichen ist. Also auch bei schlechtem Wetter daran denken: Ihr Hund hat nichts gegen Schnee und Regen, es sei denn, Sie trainieren es ihm an oder leben es ihm vor. Das wäre aber fatal, weil dadurch sein natürliches Verhalten unterdrückt wird, was unweigerlich zu Problemen führt.

Regeln für die Hundewiese

Die Hundewiese wird von vielen Hundealtern vollkommen missverstanden und dementsprechend auch falsch genutzt. Das liegt oft an der leider immer noch herrschenden Unwissenheit, aber auch an der Bequemlichkeit der Menschen.
So ist es natürlich denkbar einfach, seinen Hund mit auf die Hundewiese zu nehmen. Dort kann er spielen und rennen, er trifft Artgenossen und kann sich mal so richtig austoben. Der Mensch selbst sieht die Sache entspannt, läuft gemächlich über die Wege und alles ist fantastisch, oder? Nein, ist es nicht!
Die Hundewiese ist nämlich kein Ersatz für einen echten Spaziergang. Beim Spazierengehen geht es darum, den Hund als Rudelführer zu begleiten, ihm neue Orte

zu zeigen, ihm die Möglichkeit zu geben, Gerüche wahrzunehmen und Auslauf zu bekommen. Die Hundewiese ist dagegen eine reine Spielerei und dementsprechend auch nicht mit einem Spaziergang gleichzusetzen.

So gibt es gewisse Grundregeln, die nicht einfach ignoriert werden sollten. Beispielsweise sollte Ihr Hund selbst auf der Hundewiese und auch beim Spielen mit anderen Hunden immer noch perfekt gehorchen. Er muss nach wie vor abrufbar sein und sollte korrigiert werden, wenn er dies nicht ist oder sogar asoziales Verhalten gegenüber anderen Tieren zeigt. Die Hundewiese ist also kein Ort der grenzenlosen Freiheit. Sie bleiben der Chef im Rudel und Ihr Hund muss Sie akzeptieren, genau wie Sie dafür Sorge zu tragen haben, dass Ihr Hund andere Hunde nicht belästigt, bedrängt oder gar angreift und verletzt.

ASOZIAL?

Es gibt durchaus Hunde, die sich asozial verhalten. Sie lassen gleich den Chef heraushängen, wollen alle dominieren oder „prügeln“ sich bei der kleinsten Geste ihres Gegenübers. Solch ein Verhalten gibt es auch in der Tierwelt, was Sie aber auf gar keinen Fall dulden oder tolerieren dürfen. Das ist nicht niedlich, witzig oder gar harmlos, das ist einfach nur asozial und nicht angebracht.

Sehr wichtig bei dem Thema Hundewiese ist auch noch der Aspekt der Belohnung. Die Hundewiese ist, wie bereits erwähnt, kein Ersatz für den Spaziergang. Dementsprechend ist ein Besuch dort mit einem unausgelasteten Tier auch wenig sinnvoll. Vielmehr sollte die Hundewiese eine Belohnung sein, zum Beispiel nach

dem Spaziergang, wenn Ihr Hund bereits seine überschüssige Energie losgeworden ist. Dann darf er auf der Hundewiese seine „Kumpels" treffen und spielen. Das ist wichtig, denn wenn Sie einen aufgedrehten Hund mitbringen, entsteht auch unter den anderen Vierbeinern schnell eine gewisse Hektik und Aufgeregtheit, was dann wiederum zu einer Auseinandersetzung führen kann, die alle Hunde betrifft. Stellen Sie sich mal vor, jeder bringt seinen unausgelasteten Hund mit. Das Chaos wäre vorprogrammiert.
Seien Sie also verantwortungsvoll und nutzen Sie die Hundewiese als Belohnung für Ihren Vierbeiner, nicht als Alternative für den Spaziergang. So ist Ihr Hund deutlich ausgeglichener und kann sich auf das Spielen viel freier und mit weniger überschüssiger Energie einlassen. Das macht dann auch seinem Menschen mehr Spaß, weil alles ganz entspannt und freundlich abläuft.

Gehorsamsübungen für zwischendurch

Gehorsamsübungen werden oft als Schikane angesehen oder bezeichnet, dabei stärken sie wunderbar die Bindung und die Aufmerksamkeit, die Ihnen Ihr Hund entgegenbringt. Hier geht es darum, in jeder Situation die Kontrolle über den Vierbeiner zu behalten: beim Spielen oder beim Spaziergang, während andere Hunde an Ihnen vorbeilaufen, oder in ähnlichen Situationen mit Bewegung und entsprechender Ablenkung. Sie sind der Rudelführer, Sie haben jederzeit die volle Kontrolle über Ihr Rudel. Das ist wichtig, nicht nur für Sie, sondern auch für alle anderen Spaziergänger. Gehorsamsübungen können und sollten somit auch zu jeder Jahreszeit, bei jedem Wetter sowohl draußen an verschiedenen Orten als auch drinnen erfolgen.

Gehorsamsübungen zeigen, wie sehr Ihnen Ihr Hund vertraut. Wenn er mitten im Spiel plötzlich stoppt, auf Ihren Abruf reagiert und andere Hunde komplett ignoriert, dann ist das ein Triumph und ein fantastisches Gefühl, weil eine starke Verbindung zwischen Ihnen und dem Vierbeiner besteht, die alles andere unwichtig werden lässt. Ist die Ablenkung auch noch so groß: Vertraut Ihnen Ihr Hund, hört er auch in solchen Momenten stets perfekt.

Ein paar einfache Beispiele für solche Gehorsamsübungen habe ich hier zusammengestellt. Dabei können diese natürlich frei variiert und auch ruhig noch erweitert werden. Am Ende geht es nur um ein simples Kommando, das Ihr Hund garantiert ausführt. Je intensiver die Verbindung zwischen Ihnen ist, desto schwieriger dürfen diese Kommandos werden. Ein gut erzogener Hund, der Sie als Rudelführer ansieht, unterbricht jede Aktion, um Ihnen zu folgen.

Auf dem Spaziergang und im Alltag können diese Kommandos dann dazu genutzt werden, um kurzzeitig die Aufmerksamkeit des Hundes zu prüfen und zu erhalten. Jedes Kommando ist für ihn eine Interaktion und in gewisser Weise auch Arbeit bzw. sinnvolle Beschäftigung. Er wird gefordert und das macht ihm Spaß. Für ihn sind solche Gehorsamsübungen also eine Freude, für Sie dagegen eine lohnenswerte Routine.

Stopp

Der Hund sollte auf dem Spaziergang grundsätzlich hinter Ihnen laufen. Eine perfekte Gehorsamsübung für zwischendurch wäre also ein einfaches „Stopp". Ihr Hund sollte daraufhin stehen bleiben und warten, bis die Auflösung kommt. Sie selbst gehen währenddessen ganz normal weiter und drehen sich nach Möglichkeit

nicht einmal mehr um. Nach einigen Metern, vielleicht aber auch erst nach einem längeren Stück oder nach einer Kurve, drehen Sie sich nun doch um und rufen Ihren Hund. Jetzt darf er wieder folgen. Das ist eine ganz einfache, aber eben auch eine tolle und sehr effektive Übung für den Alltag. Am besten fangen Sie mit kleinen Abständen an, die dann immer größer werden.

Bleib

Auch ein „Bleib" kann im richtigen Moment sehr gut wirken, zum Beispiel mit einer Ablenkung wie Spaziergängern, Kindern, einem anderen Hund oder Ähnlichem. „Bleib" heißt, der Hund bleibt dort, wo er ist, egal wohin Sie gehen und was Sie tun. Nun können Sie um Ihren Hund herumgehen, irgendwo ein Leckerli für ihn verstecken oder auch gar nichts tun. „Bleib" heißt jedenfalls Bleiben und ist eine wunderbare Möglichkeit, die Verbindung zwischen Hund und Mensch zu stärken. Anders als „Stopp", das immer aus der Bewegung heraus ausgeführt wird, gilt das Kommando „Bleib" für alle möglichen Situationen. Der Hund soll dann ganz gezielt warten und einfach regungslos in seiner Position verharren, bis das Kommando von Ihnen aufgelöst wird.

Sitz

Auch „Sitz" kann und sollte immer wieder mal geübt werden, ob es bei Kleinhunden nun notwendig ist oder nicht. Am Rand einer Straße kann sich Ihr Hund zum Beispiel erst einmal hinsetzen, bevor Sie gemeinsam die Straße überqueren. Auch im Wald kann er ruhig mal zu Ihnen kommen und eine Minute ruhig neben Ihnen sitzen bleiben. Er muss nicht ständig herumrennen.

Platz

Dasselbe wie für „Sitz" gilt selbstverständlich auch für „Platz". Viele Kleinhunde mögen dies nicht so gern, weshalb „Platz" ruhig des Öfteren mal geübt werden sollte. Das kann dann auch ruhig wieder kreativ kombiniert werden. Lassen Sie Ihren Hund doch mal auf einen Baumstumpf hüpfen und dort hinlegen. Suchen Sie für diese Übung immer wieder andere Orte auf, am besten mit Objekten und Dingen, die er noch nicht so gut kennt.

Fuß

Auch das Bei-Fuß-Gehen ist die ideale Übung für zwischendurch. Für den Hund ist es pure Beschäftigung, quasi Spaß bzw. konzentrierte Arbeit. Er versteht seine Kommandos und freut sich über die Zusammenarbeit mit Ihnen. Daher ist beim Spaziergang hin und wieder ein „Fuß" durchaus angebracht, weil es die Aufmerksamkeit und Konzentration des Hundes verlangt.

Das Bei-Fuß-Gehen sollte allerdings auch nicht übertrieben werden, weil es für den Vierbeiner relativ anstrengend ist. Kurze Abschnitte genügen, um die Aufmerksamkeit zu stärken, es muss kein ganzer Kilometer sein. Einfach hin und wieder ein paar Meter gemeinsam laufen, vielleicht dabei sogar die Seite wechseln. Das bringt Abwechslung in den Alltag und sollte sowieso beherrscht werden, beispielsweise wenn einem Jogger oder Radfahrer entgegenkommen.

Kombinationen

All diese Übungen sind im Grunde Standards, also Dinge, die jeder Hund im Schlaf beherrschen sollte. Damit das alles nicht langweilig, aber jederzeit perfekt ausgeführt wird, sind häufige Wiederholungen notwendig, vor allem auch an ungewöhn-

lichen Orten, die dem Hund noch nicht so gut vertraut sind. Außerdem lassen sich die Kommandos noch sinnvoll erweitern und miteinander verbinden.
Später kann Ihr Hund dann direkt aus der Bewegung „Platz" machen oder laufen, stoppen, laufen, stoppen, sitzen, laufen ... alles per einfachen Kommandos. Seien Sie dabei also ruhig kreativ und kombinieren Sie Dinge, probieren Sie Neues aus und vor allem auch immer wieder. Ihr Hund will nicht nur neben Ihnen laufen, er möchte mit Ihnen laufen, gemeinsam mit Ihnen etwas unternehmen. Mit solchen Gehorsamsübungen bringen Sie schon einmal etwas Bewegung in den sonst so langweiligen Alltag Ihres Hundes und rufen die Grundlagen immer wieder ab, was die Beziehung zu Ihrem Hund positiv beeinflussen wird.

Richtig spielen

Mit Hunden richtig zu spielen ist etwas Fantastisches, doch auch richtiges Spielen muss zunächst einmal erlernt werden. Nicht immer ist ein „Spiel" für beide Seiten auch freundlich, nicht immer wird Verhalten im Spiel richtig gedeutet oder überhaupt verstanden. Vor allem sollte es aber für das Spielen mit Ihrem Hund einige Grundregeln geben, die dann auch jederzeit eingehalten werden.

So muss ein klares „Aus" auch immer und zu jeder Zeit das Ende des Spiels bedeuten. Ihr Hund muss lernen, dass ein „Aus" den sofortigen Spielstopp nach sich zieht. Das Spielzeug wird fallengelassen, weil Sie, der Rudelführer, es so wollen. Egal wie wild das Spiel also auch gerade sein mag, ein „Aus" muss immer ausgeführt werden. Ausnahmen gibt es dabei nicht. Das ist eine der einfachsten Grundregeln, die viele Halter aber bereits vergessen haben oder nicht so ernst nehmen.

Natürlich müssen Sie nicht jede Runde mit einem „Aus" beenden, Ihr Hund sollte darauf nur sicher reagieren und das Kommando kennen, falls ein Spiel mal etwas „ausartet".
Gemeinsame Spiele sollten sowieso grundsätzlich vom Menschen beendet werden. Sie bestimmen, wann es genug ist, nicht Ihr Hund. Für den Start gilt das natürlich auch, denn nur weil Ihr Hund immer wieder zu Ihnen kommt und spielen möchte, bettelt oder sich aufdrängt, müssen Sie sich noch lange nicht mit ihm beschäftigen. Vielmehr sollten Sie klare Zeichen setzen und ihm diese mitteilen, damit der Hund Sie auch richtig verstehen kann. Sie sind der Chef. Sie sagen, was, wann und wo gespielt wird. Das ist auch deshalb wichtig, weil Hunde ebenso lernen müssen, einfach mal ruhig zu sein.

Solche klaren Richtlinien sind sehr wichtig für Hunde, denn der Hund möchte nicht ein „Vielleicht" hören oder mit Ihnen anfangen zu diskutieren. Hunde sind Rudeltiere und hier entscheiden keine langen Diskussionen, sondern es werden klare, direkte Ansagen gemacht. Im Grunde gibt es nur ein „Ja" oder ein „Nein", wobei der Chef – also der Rudelführer – letztendlich immer Recht hat. Das klingt für Menschen oft fremd und merkwürdig, vielleicht auch ein wenig zu dominant, ist für Hunde aber ganz normal und auch richtig. Wer so mit seinem Vierbeiner deutlich kommuniziert, hat meist keinerlei Probleme mehr, weil auf beiden Seiten eine korrekte Verständigung herrscht.
Sie sollten niemals vergessen: Hunde sind Rudeltiere und folgen dem Rudelführer. Das gilt auch für Kleinhunde, denn ganz egal, wie niedlich oder schwächlich sie manchmal aussehen mögen, sie zeigen dasselbe Verhalten und Wesen wie die Großen. Das sollten Sie wirklich nie vergessen, auch wenn es bei den Kleinen manchmal schwer fällt.

Beim Spielen mit Hunden gibt es verschiedene Arten von Spiel: zum Beispiel die hektischen Spiele, die ihren Hund förmlich nervös machen und aufdrehen, oder die ruhigen Spiele, die mehr den Verstand fordern.

Reaktionsspiele

Als erstes möchte ich hier die Reaktionsspiele vorstellen. Das bedeutet, Sie spielen mit einer Reizangel oder halten dem Hund ein Tau hin, welches, sobald er darauf zugestürmt kommt, weggezogen wird. Zwischendurch muss der Hund natürlich auch ein Erfolgserlebnis haben, damit er nicht total frustriert ist, also darf er das Spielzeug hin und wieder auch mal erwischen und packen.
Für mich hat das Spiel mit Kleinhunden noch einen weiteren Vorteil: Ich trainiere so die Reaktionsfähigkeit. Das ist gar nicht so unwichtig bei den Kleinen, die ja gern mal überrannt werden oder zwischen Türen geraten. So bleibt meine Kleine immer auf Zack und ist stets die Schnellste.

Kraftspiele

Das Nächste wären dann die Kraftspiele. Hier handelt es sich um direkte und grobe Spiele. Tauziehen, Rangeln und kleinere Kampfchen gehören beispielsweise dazu. Doch auch solche Kraftspiele sollten nie zu grob werden. Allgemein sind Kraftspiele sicherlich die einfachste Art zu spielen, denn nahezu jeder Hund zieht gern mal kräftig an einem Tau oder rangelt um einen besonderen Gegenstand. Das ist mit Kleinhunden im Normalfall nicht anders. Die meisten lieben es.

Denkspiele

Bei Denkspielen geht es darum, mehr oder weniger komplexe Aufgaben zu lösen, die zum Teil auch ruhig mal richtig knifflig sein dürfen, wie zum Beispiel Schubla-

den öffnen oder Leckerlis aus bestimmten Objekten herausbekommen. Solche Beschäftigungen können extrem viel Spaß machen, weil sie den Hund wirklich fordern und den Besitzer sein Tier besser verstehen lassen. Es ist ein schönes Gefühl, mit dem Hund zu kommunizieren und ihm klarzumachen, was genau zu tun ist, um ein Objekt zu öffnen oder an das Leckerli zu gelangen.
Aber nicht jeder Hund hat genug Geduld oder Feingefühl, um solch knifflige Denkspiele auch zu bewältigen und dabei auch noch Spaß zu entwickeln. Bevor das also alles nur mit Frust und Zwang auf beiden Seiten endet, testen Sie Ihren Hund mit möglichst einfachen Spielen und steigern Sie den Schwierigkeitsgrad dann langsam Stück für Stück.

Suchspiele

Suchspiele sind einfach umzusetzen, können überall und jederzeit gespielt werden, erfordern Aufmerksamkeit und lasten den Hund meist auch ziemlich gut aus, weil dieser seine Nase einsetzen muss. Eigentlich sind Suchspiele dabei auch bereits selbsterklärend. Ein Spielzeug, ein Gegenstand oder eine besondere Leckerei wird versteckt und muss dann von Ihrem Hund gesucht werden. Je besser der Hund dabei ist, desto kniffliger können die Verstecke gewählt werden und desto länger kann die Suchaktion letztendlich andauern. Hier kommt es ganz auf die Motivation und den Spaß Ihres Hundes an. Am Ende sollte man es aber nicht übertreiben, da Suchspiele sehr anstrengend für den Hund sind. Lieber öfter mal zwischendurch etwas verstecken, als mehrere Objekte direkt hintereinander.

Knabberzeug für schlechtes Wetter

Ist draußen mal wieder Schmuddelwetter, kann man seinen Hund zwischendurch im Haus auch mal mit einem Knabbervergnügen beschäftigen. Am besten geeig-

net sind hierfür feste Knochen, vielleicht mal ein ganzes Unterbein, getrocknete Rippen, Schinkenknochen, aber auch Rindernasen, Geweihstücke und vieles mehr. Die Auswahl ist schließlich groß und vielfältig. Hier darf es ruhig etwas Gutes und Besonderes sein, also nicht die billigen Kauknochen ohne Farbe und Geschmack wählen. Das ist nicht nur gesünder und natürlicher, sondern beschäftigt den Hund auch länger und ist dann ein echtes Highlight für Gaumen und Nase.
Bei kleinen Hunden halten solche Knochen oft mehrere Tage und dementsprechend ist Ihr Schützling am Nachmittag gut ausgelastet. Im Idealfall ist er für einige Stunden beschäftigt, während er an seinem Stück Fleisch oder Knochen nagt, und sich danach erst einmal erschöpft hinlegt, um ein längeres Nickerchen zu halten. Das ist doch wunderbar, gerade wenn das Wetter mal schlecht ist und kaum etwas anderes möglich macht.

Grundlagen für richtiges Lernen

Früher war ich immer sehr begeistert davon, wenn Hunde spezielle Tricks und Kunststücke konnten. Besonders gefielen mir natürlich immer die, die nicht so alltäglich waren, die etwas Besonderes darstellten, die eben nicht jeder Hund konnte. Mit der Zeit lernte ich dann, dass viele Hunde zwar allerlei Tricks beherrschen, meist aber gar nicht richtig gehorchen. Menschen sind nun einmal oberflächlich und mit seinem Hund „coole" Tricks zu zeigen, ist schlichtweg höher im Kurs als die artgerechte Erziehung. Daher zunächst ein kleiner Appell:

**ERST DIE KORREKTE ERZIEHUNG,
DANN DIE LUSTIGEN UND EINDRUCKSVOLLEN TRICKS.**

Hat Ihr Hund den Grundgehorsam erlernt und sind Sie beide ein wirklich eingespieltes Team, dann sind selbst die komplexesten Kunststücke meist kein Problem mehr. Wenn genügend Verständnis und Geduld vorhanden sind, kann Ihr Hund alles lernen, was irgendwie möglich ist. Dabei können Sie auch selbst immer wieder kreative und neue Ideen entwickeln, ganz individuelle Tricks erschaffen oder sich sogar Kombinationen aus mehreren Kunststücken ausdenken.

Viele Wege führen zum Ziel

Bevor ich Ihnen nun einige Tricks für Ihren Hund aufzeige, möchte ich noch etwas Grundlegendes klären: Viele Wege führen zum Ziel. Was das bedeutet? Ganz einfach, dass nicht jeder Hund jeden Trick auf dieselbe Art und Weise versteht oder lernen kann. Ich versuche, die einfachste Möglichkeit vorzustellen bzw. eine Methode zu zeigen, die bei meinen Hunden geklappt hat, doch jeder Hund ist anders. Wichtig ist also, dass Sie Ihren Hund beim Lernen beobachten und herausfinden, auf was genau er reagiert und was er annimmt.
„Viele Wege führen zum Ziel" heißt auch, dass meine Methode nicht zwangsläufig die beste ist oder für Ihren Hund am einfachsten funktioniert. Viel wichtiger ist also, dass Sie das Training ganz bewusst erleben und nicht streng den Anweisungen folgen. Ändern Sie ruhig einige Details, stimmen Sie das Ganze auf Ihren eigenen Hund ab, damit dieser mit Spaß und Freude Neues lernen kann und nicht zwanghaft lernen muss. Darum geht es doch schließlich – den Hund sinnvoll zu beschäftigen, gemeinsam mit ihm zu arbeiten. Wer nur angeben möchte, der hat einfach Grundlegendes noch nicht verstanden.

Tricks können Halter und Hund viel Spaß bereiten, doch eben nur, wenn alles freiwillig und in fröhlicher Atmosphäre geschieht. Mit Zwang und Ungeduld erreichen

Sie deshalb rein gar nichts. Letztendlich sollten Sie sich außerdem noch einmal bewusst machen, dass der Weg das eigentliche Ziel ist. Sobald der Trick verinnerlicht wurde, lässt sich zwar mit ihm arbeiten, doch die wahre Freude sind das gemeinsame Training und der Erfolg, der Ihrem Hund nicht nur ein neues Kunststück vermittelte, sondern Sie beide auch wieder ein Stück näher zusammengebracht hat.

Kurz und klar

Hunde können eine Menge lernen, doch Sie können es Ihrem Vierbeiner dabei einfach oder schwer machen. Jeder Trick, jedes Kunststück und jede Beschäftigung sollten mit einem entsprechenden Kommando kombiniert werden. Der Begriff ist dabei vollkommen egal, denn Ihr Hund wird theoretisch auch bei einem „Sitz" einen Salto schlagen. Das Wichtigste ist also nicht, das am besten passende Wort zu finden, sondern ein möglichst kurzes, klar verständliches Kommando, welches sich im besten Fall auch noch von allen anderen abhebt und vollkommen anders klingt. Neben dem Kommando selbst sollte man auch ein Handzeichen einführen. Beim Grundgehorsam ist das allerdings wichtiger als bei den Tricks, doch auch für die Kunststücke dürfen Sie sich ruhig die eine oder andere Geste angewöhnen: zum Beispiel eine kreisende Bewegung für die Rolle, eine Faust für das „Bäm" (siehe Seite 57 und Seite 74) und so weiter. Ein Begriff, der mit einem Handzeichen kombiniert wird, funktioniert meist am besten und sorgt außerdem dafür, dass Kommandos auch dann ausgeführt werden können, wenn Sie kein einziges Wort sagen möchten. Verständnis auf mehreren Ebenen quasi, damit es auch mal wortlos klappt.

Timing ist das A und O

Sehr wichtig beim Training mit Ihrem Hund ist auch das richtige Timing. Fangen Sie nicht gleich damit an, das Kommando zu schreien und wie wild Handzeichen zu

geben, sondern vermitteln Sie Ihrem Hund erst einmal, was genau zu tun ist, was Sie von ihm verlangen und sehen wollen. Erst wenn er das verstanden hat und tut, was er soll, dann sollte schnell das Kommando erfolgen und mit der Zeit kann diese Aktion auch mit dem Handzeichen kombiniert werden.
Doch zunächst muss Ihr Hund eben erst einmal begreifen, was Sie von ihm wollen, damit er den Befehl nicht missversteht, sondern mit genau der richtigen Aktion verbinden kann. Deshalb ist es beim Training enorm wichtig, auf das genaue Timing zu achten und Begriffe und Handzeichen nur dann einzusetzen, wenn exakt das gewünschte Verhalten gezeigt wird. Wird das konsequent so ausgeführt, weiß Ihr Hund später bei einem Handzeichen oder Kommando sofort, was zu tun ist.

Wichtig hierbei ist aber auch noch eine andere Art von Timing. So sollten Sie nie zu viel mit Ihrem Hund üben, sondern lieber immer mal wieder zwischendurch ein paar Minuten nutzen. Außerdem sollte das Training stets mit einem großen Erfolgserlebnis beendet werden, also wenn eine Übung zum Beispiel plötzlich überraschend gut geklappt hat. Wie man so sagt: Wenn es am schönsten ist, sollte man aufhören. Das trifft auch auf das Training mit Hunden zu.

Leckerlis richtig einsetzen

Auch das richtige Timing mit den Leckerlis ist sehr wichtig und sollte auf gar keinen Fall unterschätzt werden genau wie deren richtiger Einsatz. Wer seinen Hund falsch belohnt, erreicht am Ende nämlich rein gar nichts mit all dem Training und genau deshalb braucht das Thema auch einen eigenen Absatz.
Die erste Grundregel beim Üben ist, dass es nicht permanent Leckerlis gibt, und wenn, dann nur sehr winzige. Klar, am Anfang gibt es für den Erfolg immer einen kleinen Leckerbissen, doch sehr schnell sollte dies auch stark reduziert werden.

Dann gibt es nur noch Leckerlis, wenn Ihr Hund die Übung auch wirklich perfekt gemeistert hat. War es nur Mittelmaß, reicht ein akustisches Lob von Ihnen, ein Leckerli ist überflüssig.

Genau wie das ausgesprochene Lob sollte auch das Leckerli immer direkt dann gegeben werden, wenn Ihr Hund gerade genau das richtige Verhalten zeigt. Falsches Timing kann hier tatsächlich sehr verheerend sein, sodass Ihr Hund die Leckerei vielleicht mit einer ganz anderen Situation verbindet und sich diese dann einprägt. Dann wird das korrekte Lernen immer schwieriger, weil er glaubt, etwas anderes zeigen zu müssen und schnell durcheinander kommt.

Achten Sie also darauf, besonders kleine, dafür aber auch besonders schmackhafte Belohnungen für das Training bereitzulegen. Für Kleinhundehalter empfiehlt es sich hier außerdem, die großen oder kleinen Snacks noch einmal zusätzlich zu zerteilen (mit einer Schere zum Beispiel), um am Ende wirklich nur stecknadelkopfgroße Belohnungen zu erhalten. Ganz am Anfang des Trainings darf und sollte aber natürlich jeder kleine Erfolg auch ruhig mit einem Leckerli belohnt werden. Reduzieren Sie es anschließend aber recht schnell, sodass Ihr Hund einen Anreiz hat und nicht mehr nur auf das Leckerli wartet bzw. Tricks nur dann vorführt, wenn es einen Happen als Belohnung gibt.

Das Auflösekommando

Wichtig bei all den Tricks ist auch das sogenannte Auflösekommando, weil Ihr Hund nämlich sämtliche Kunststücke nicht nur für eine Sekunde zeigen soll, sondern eben so lange, bis Sie ihm etwas anderes gestatten.

Ein einfaches Beispiel: Ihr Hund soll „Sitz" machen, steht dann aber sofort wieder auf. Das ist nicht das Ziel, denn er soll sitzen bleiben, bis Sie das Auflösekommando sprechen und ihm damit signalisieren, dass er sich wieder frei bewegen darf.

Genau das gilt auch für Tricks und Kunststücke, die nur dann beeindruckend sind, wenn Ihr Hund die nötige Disziplin besitzt, diese auch länger als zwei Millisekunden zu präsentieren. Also sollten Sie beim Üben immer darauf bestehen, dass der Hund das gewünschte Verhalten so lange zeigt, bis Sie ein Auflösekommando sprechen. Ich persönlich nutze dafür ein einfaches „Okay". Meine Chihuahua-Hündin kennt das Signal und weiß, dass jeder Trick und jede Übung immer so lange gehalten wird, bis ich ein „Okay" ausspreche. Solange das „Okay" nicht kommt, wird der Trick also weiterhin gezeigt bzw. wird in der letzten Position verharrt.

Lernen über Umwege

Tricks und Kunststücke werden eigentlich immer auf dieselbe Art und Weise vermittelt. Sie versuchen Ihren Hund dazu zu bringen, das gewünschte Verhalten von allein zu zeigen. Nehmen wir als Beispiel mal den Trick „Check" (siehe Seite 51). Sie könnten nun einfach die Pfote Ihres Hundes heben, sie in Ihre Hand legen und Ihren Hund dafür belohnen. Nach ein paar Durchläufen wird er das vermutlich auch verstehen, doch es ist eigentlich der falsche Weg. Bevor Sie selbst nachhelfen oder aktiv mit der Hand eingreifen, sollten Sie immer versuchen, Ihren Hund dazu zu bringen, das gewünschte Verhalten von selbst zu zeigen.
Für „Check" müssen Sie also nur etwas finden, woraufhin Ihr Hund die Pfote hebt. Vielleicht ist das eine besondere Stelle, vielleicht ist das ein Leckerli in der geschlossenen Faust, vielleicht reicht es ihm, wenn Sie Ihre Hand hinstrecken. Bevor Sie mit der Hand also aktiv nachhelfen und seine Pfote heben, sollten Sie immer erst versuchen, den Hund über Umwege zu motivieren, das gewünschte Verhalten von allein zu zeigen.

Alles braucht seine Zeit

Tricks zu lernen kann bei einigen Hunden verblüffend einfach, bei anderen zeitraubend und anstrengend sein. Vor allem brauchen solche Kunststücke aber viel Zeit, sie sind meist nicht an einem einzigen Tag erlernt. Das Wichtigste dabei: Selbst wenn Ihr Hund das Kommando am ersten Tag bereits perfekt zu beherrschen scheint, kann es sein, dass er am nächsten Tag schon gar nicht mehr darauf reagiert. Die Wiederholung ist also wichtig, um das Erlernte zu festigen. Fangen Sie demnach ganz entspannt wieder bei null an, sollte Ihr Hund einen Tag später plötzlich alles wieder vergessen haben. Das ist durchaus normal, keine Sorge. Tägliches Üben hilft, dann ist der entsprechende Befehl in einigen Tagen auch gefestigt, verinnerlicht und verstanden.

NICHT VERGESSEN!

Tricks dürfen nicht immer am selben Ort geübt werden, denn sonst verbindet Ihr Hund die Aufgabe mit der direkten Umgebung und führt sie nur noch dort aus. Also auch mal unterwegs, auf der Wiese und im Wald einen Trick abfragen, denn wer ausschließlich daheim trainiert, hat am Ende eventuell einen Hund, der all seine Tricks nur in den eigenen vier Wänden ausführen möchte. Vor allem braucht so etwas aber seine Zeit, also lassen Sie Ihrem Hund diese und genießen Sie das gemeinsame Training.

Die Tricks in diesem Buch sind manchmal recht lustig, gehen vielleicht hier und da schon in Richtung Kunststück. Damit ist aber nicht gemeint, dass der eigene Hund zum Zirkusclown wird. Es geht bei all den Tricks und den Beschäftigungen

also gar nicht so sehr um das Kunststück selbst, sondern um die Aktivität. Es geht nur darum, dass Ihr Hund geistig und körperlich gefordert wird und dass er immer wieder etwas Neues erleben und lernen darf.

Das ist wichtig, denn auch kleine Hunde wollen gefordert werden, wollen spielen und ihren Tag aktiv gestalten, nicht nur herumliegen und sich langweilen. Auch kleine Hunde wollen die Welt sehen, wollen große Spaziergänge machen, mit anderen Hunden spielen und eine enge Bindung zu ihrem Menschen aufbauen. Wer das Ziel hat, mit möglichst vielen Kunststücken anzugeben, der ist hier komplett falsch. Darum geht es nicht, denn das Ziel ist die artgerechte Beschäftigung, das tägliche Fordern und Auslasten des eigenen Hundes, und zwar das ganze Jahr über.

HINWEIS

Wie genau Tricks geübt werden sollen, haben Sie in den letzten Absätzen bereits sehr detailliert erfahren. Die Tricks werden im Folgenden daher nur erklärt, wobei nicht jedes kleine Detail immer wiederholt wird. Es ist also selbstverständlich, dass Sie Ihren Hund entsprechend belohnen müssen, auf Wunsch ein Handzeichen einführen und das Timing stimmen sollte. Bei den Tricks geht es jetzt nur um das Kunststück selbst, welches anhand einer Beispielübung gezeigt wird. Alles andere findet nicht immer wieder Erwähnung, weil es zu den Standards gehört und fast immer gleich bleibt.

TOLLE TRICKS UND KUNSTSTÜCKE

Steh

Mit „Steh" gibt es gleich den ersten sehr einfachen Trick, denn gerade Kleinhunde zeigen das gewünschte Verhalten meist schon recht früh von allein, um näher an ihre Menschen heranzukommen. Dabei sollte aber schon vorab daran gedacht werden, dass der Hund mit „Steh" auch sein Gleichgewicht trainiert und sich an die Haltung gewöhnt. Dementsprechend wird er die Übung später also auch des Öfteren mal ungewollt demonstrieren.

Wenn Sie das Anspringen oder das Anlehnen des Hundes komplett vermeiden bzw. verbieten möchten, sollten „Steh" und alles andere auf zwei Beinen lieber gar nicht erst geübt bzw. unterbunden werden. Wenn Sie dies allerdings nicht stört, dann können Sie auf dem Kommando „Steh" auch noch einige andere Tricks aufbauen und das Training macht daher durchaus Sinn.

- Am einfachsten ist es, dem Hund „Steh" mit einem Leckerli in der Hand beizubringen. Einfach das Leckerli über den Kopf des Hundes halten, der nun darankommen will und sich dementsprechend auf die Hinterbeine stellen wird. Das geht meistens ganz einfach und quasi von allein. Steht er, sagen Sie sofort „Steh", geben ihm das Leckerli und loben ihn.
- Stellt er sich nicht auf seine Hinterbeine, dann motivieren Sie ihn anders dazu. Zeigen Sie ihm noch einmal deutlich, was Sie da für einen Leckerbissen in der

Hand halten, und gehen dann langsam mit dem Leckerli nach oben, sodass er es genau sieht und der Leckerei folgen möchte.
- Als Handzeichen für den Trick „Steh" bieten sich übrigens Zeigefinger und Daumen an, die Sie zusammenpressen, als ob dazwischen ein Leckerli wäre. Das ist zu Beginn auch noch der Fall, erst später wird dann auf den Leckerbissen verzichtet.
- Steht Ihr Hund nun auf Kommando, loben Sie ihn sofort und stets überschwänglich.

Häufige Wiederholungen festigen das „Steh" und irgendwann reicht schon der Begriff aus, damit sich Ihr Hund von ganz allein auf die beiden Hinterbeine stellt

Steh und Lauf

Wie schon gesagt: „Steh" lässt sich auch wunderbar mit anderen Tricks kombinieren, zum Beispiel mit „Lauf". Das bedeutet am Ende nichts anderes, als dass Ihr Hund auf zwei Beinen laufen soll. Dafür brauchen Sie allerdings ein wenig Geduld, denn das Gleichgewicht ist bei ungeübten Hunden einfach noch nicht vorhanden, weshalb sie meist nur ein oder zwei Schritte schaffen, bevor sie wieder absetzen müssen oder hinfallen. Hier heißt es dann einfach, am Ball bleiben und üben.

- Lassen Sie Ihren Hund zunächst einmal „Steh" machen, während Sie selbst einige Meter vor ihm auf den Knien hocken. Jetzt locken Sie ihn zu sich, aber nur, wenn er gerade steht, und zwar mit einem „Komm" oder einem anderen Kommando, das dafür vorgesehen ist.

- Geht er nun sofort runter und läuft ganz normal zu Ihnen, setzen Sie ihn einfach konsequent wieder an die Ausgangsposition und wiederholen das Spielchen. Will er zu Ihnen und ein Leckerli bekommen, muss er im Stehen auf zwei Beinen laufen.
- Gelingt das nicht, stehen Sie auf, halten Ihrem Hund im Stand ein Leckerli vor die Nase und gehen langsam zurück. Ihr Hund sollte und wird nun auf zwei Beinen folgen, wenn er genug auf das Leckerli fixiert ist.
- Am Anfang ist es außerdem wichtig, schon jeden kleinen Erfolg zu belohnen. Es kann sein, dass Ihr Hund einfach noch zu wenig Gefühl für das Gleichgewicht hat und demnach noch gar nicht mehr als einen kleinen Schritt schafft. Sobald er also auch nur den Versuch macht, nach vorn zu laufen, sagen Sie daher schnell „Lauf" und belohnen ihn sofort. Mit der Zeit lernt er es und schafft auch größere Strecken. Jeder kleine Schritt wird aber erst einmal belohnt.

Je nach Rasse und Training ist am Ende das Zurücklegen von mehreren Metern gar kein Problem. Am Anfang kippen viele Hunde nach ein paar Zentimetern im Stand um, doch mit etwas Übung und täglichen Wiederholungen bessert sich das sichtlich. Dann läuft Ihr Hund immer weiter und immer sicherer auf zwei Beinen. Am Ende reicht ein „Steh" und ein anschließendes „Lauf" und Ihr Hund marschiert auf zwei Beinen los.

Check

Mit „Check" ist nichts weiter als ein Abschlagen gemeint, also die Pfote geben. Kleine Hunde machen das meist schon von allein, weshalb die Kombination mit dem Begriff „Check" sehr einfach ist und sich regelrecht anbietet.

- Strecken Sie einfach Ihre flache Hand nach vorn aus und beobachten Sie die Reaktion Ihres Hundes. Im Idealfall (und das kommt durchaus häufig vor) wird er seine Pfote nun schon von ganz allein heben und damit Ihre Hand berühren. Jetzt sagen Sie nur noch schnell „Check", damit er das alles entsprechend kombinieren kann, und wiederholen das Spielchen so oft wie nur möglich.
- Falls Ihr Hund nicht von allein die Pfote hebt, halten Sie ihm weiterhin die flache Hand hin und stupsen Sie eventuell leicht gegen sein Bein, sodass er die Pfote hebt bzw. heben muss. Auch kann mit der anderen Hand nachgeholfen werden.
- Klappt das auch nicht, helfen Sie einfach ganz direkt nach. Halten Sie ihm die flache Hand hin und heben Sie seine Pfote mit der anderen Hand hoch auf die ausgestreckte Hand. Jetzt sprechen Sie schnell „Check" aus mit anschließendem Loben und einem Leckerli.

Nach ein paar Wiederholungen sollte das „Check" nun korrekt verstanden sein, weshalb Sie das Spiel jetzt nur noch täglich zur Routine werden lassen müssen.

Schlag ein

War „Check" noch eine Art Pfötchengeben, ist „Schlag ein" nun das Kommando für beide Pfoten und ein echtes Einschlagen. Soll heißen: Sie strecken Ihre beiden Handflächen aus, Ihr Hund stellt sich auf seine Hinterbeine und schlägt mit seinen Pfötchen ein. „Schlag ein" nennt sich dann das dazugehörige Kommando.

- Dieser Trick lässt sich am besten mit „Steh" kombinieren. Lassen Sie Ihren Hund also „Steh" machen und strecken Sie beide Handflächen aus.

- Viele Hunde berühren diese nun schon aus Instinkt. Ist das nicht der Fall, helfen Sie wieder etwas nach. Sonderlich schwer ist das nicht, denn wenn Ihr Hund schon steht, hält er die Pfoten ja sowieso in die Höhe. Eine kleine Bewegung nach vorn reicht dann, um die Pfoten zu berühren und entsprechend an Ihren Handflächen zu positionieren.
- Sobald Ihr Hund mit seinen beiden Pfoten Ihre ausgestreckten Handflächen berührt, erfolgt nun das akustische „Schlag ein" und anschließend wird der Hund freudig gelobt. Genau das wollten Sie schließlich von ihm, also zeigen Sie es ihm auch entsprechend fröhlich.
- Das wird nun wiederholt, wobei Sie darauf achten müssen, dass Ihr Hund versteht, was gemeint ist und was Sie von ihm wollen.

Schon nach wenigen Wiederholungen sollte er von selbst darauf kommen und seine Pfoten in Ihre Handflächen drücken, sobald Sie Ihre Hände ausstrecken.

Spring

Das Kommando „Spring" etablieren Sie am besten langsam und über einen gewissen Zeitraum hinweg. Dafür gibt es einige Tricks, die dem Hund das Kommando quasi nebenbei beibringen ohne spezielles Training. Schwer ist dies aber nicht, denn „Spring" gehört ebenfalls zu den leichteren Übungen, weil Hunde oft genug von selbst springen und dies eben einfach nur mit einem „Spring" unterstützt werden muss, damit der Hund das Kommando verinnerlicht. Mit der Zeit klappt das dann auch auf Kommando und Ihr Hund springt ganz gezielt über Objekte oder Hindernisse.

- Nutzen Sie zum Beispiel schlechtes Wetter aus, bei dem Ihr Hund von allein über Pfützen springt. Sagen Sie dann einfach schnell „Spring", damit er mit der Zeit seine Handlung mit dem Kommando „Spring" verbindet.
- Wer darauf keine Lust hat und seinem Hund den Trick lieber ganz gezielt beibringen möchte, der kann natürlich auch anders vorgehen, zum Beispiel mit einem Hindernis im Garten, über das der Hund springen muss. Dazu motivieren Sie ihn einfach mit einem kleinen Leckerli und sobald er über das Hindernis herüberspringt, bringen Sie das Kommando „Spring" an. Im Idealfall hat er gar keine Wahl, sondern muss über das Hindernis springen, um zu Ihnen und dem Leckerli zu gelangen.

„Spring" ist keine schwere Übung. Es muss einfach jeder Sprung über ein Hindernis mit dem Befehl „Spring" verbunden werden, dann erlernt der Hund das Kommando von ganz allein und nebenbei.

Hopp

Ich persönlich finde es wichtig, dass ein Hund zwischen „Spring" und „Hopp" unterscheiden kann. Warum? Weil „Spring" bedeutet, er soll über etwas herüberspringen. „Hopp" hingegen meint, dass er auf etwas hinaufspringt. So soll Ihr Hund im Wald beispielsweise über die Pfütze springen, aber eben auf den Baumstamm, wo er dann zum Beispiel balancieren kann. „Hopp" ist, genau wie „Spring", keine der wirklich schwierigen Übungen. Es gehört zu den absoluten Grundlagen und meist reicht schon eine kleine Motivation – gerade bei kleinen Hunden, die eh überall hinauf möchten –, um dem Hund das „Hopp" beizubringen.

- Bei kleinen Hunden kann „Hopp" zum Beispiel ganz einfach auf dem Sofa geübt werden. Klopfen Sie mit der flachen Hand auf den freien Platz neben Ihnen, sagen dazu „Hopp" und schon sollte Ihr Hund hochspringen. Es gibt kaum Hunde, die dieser Motivation nicht folgen werden.
- Macht er den Sprung dennoch nicht von allein, motivieren Sie ihn eben anders, zum Beispiel mit einem Leckerli oder seinem Lieblingsspielzeug. Im Sprung erfolgt dann das „Hopp". Schnell verbindet er Kommando und Aktion miteinander und weiß, was Sie beim Begriff „Hopp" von ihm verlangen.

Achten Sie hier aber wieder besonders darauf, das Kommando „Hopp" nicht nur auf der Couch daheim anzubringen, sondern auch mal unterwegs und in der Natur, auf Baumstämmen und Bänken. Das ist sehr wichtig, damit Ihr Hund „Hopp" nicht ausschließlich mit der Couch in Verbindung bringt, sondern es auch an anderen Orten zeigt und versteht, was es bedeutet.

Rolle

Im Normalfall sollte jeder Hund das „Sitz" und „Platz" erlernt haben. Deshalb ist die Rolle auch gar nicht mehr so schwer beizubringen, weil sie aus dem Kommando „Platz" heraus aufgebaut werden kann.

- Lassen Sie Ihren Hund „Platz" machen und versuchen Sie, ihn mit einem Leckerli zu einer Rolle zu motivieren. Am besten drücken Sie ihn leicht und liebevoll mit der Hand ein wenig auf die Seite, sodass er sofort versteht, was Sie von ihm wollen.

- Liegt Ihr Hund auf der Seite, reicht oft das Leckerli in der Hand aus, um ihn zur Rolle zu motivieren. Die Leckerei also dicht an seinem Kopf weiter in die entsprechende Richtung bewegen. Ihr Hund dreht sich dann automatisch mit, weil er auf das Leckerli fixiert ist.
- Klappt das nicht, helfen Sie mit der Hand ruhig ein wenig direkter nach und drehen Sie Ihren Hund leicht herum, so wie er es später von selbst machen soll.
- Nach der Rolle herrscht am Anfang oft ein wenig Verwirrung. Deshalb setzen Sie die Belohnung direkt danach ein und wiederholen das Ganze, solange Ihr Hund noch weiß, was zu tun ist.
- Die Rolle wird nun ständig geübt, bis der Befehl verstanden ist und Ihr Hund sich bei „Rolle" schon von allein auf den Boden legt und herumdreht.

Klappt das alles trotz Bemühungen nicht so richtig, kontrollieren Sie noch einmal alle Schritte und achten besonders auf Ihren Hund. Wobei genau hat er Schwierigkeiten? Wo können Sie ihm helfen, das Kommando zu verstehen? Ansonsten immer weiter üben, denn bei manch einem dauert es eben einfach ein wenig länger.

Roll

Eine Rolle ist schön und gut, doch viel interessanter ist es doch, wenn ein Hund das Kommando „Roll" erlernt. Meine Kleine sollte das damals jedenfalls unbedingt können, auch weil ich andere Kunststücke damit kombinieren wollte. Gemeint ist damit, dass Ihr Hund einen Ball mit seiner Schnauze/Nase zu Ihnen hin rollt. Das sieht toll aus und ist einfach mal etwas anderes. Außerdem ist es eventuell eben noch für weiterführende Tricks von Nutzen.

Um „Roll“ beizubringen, bedarf es einer Menge Geduld. Ich persönlich habe es mit einem kleinen Ball geübt, immer mal wieder zwischendurch, bis es dann irgendwann und ganz plötzlich zuverlässig klappte. Das Schwierigste war dabei, dem Hund klarzumachen, was genau ich eigentlich von ihm wollte.

- Legen Sie auf den Fußboden einen Ball, der aber zu groß ist, als dass Ihr Hund ihn in sein Maul nehmen könnte. Nun leiten Sie die Schnauze Ihres Hundes vorsichtig in Richtung Ball. Versuchen Sie Ihren Hund zu motivieren, den Ball mit seiner Schnauze zu berühren. Wenn das nicht klappt, helfen Sie ein wenig nach und dirigieren ihn in die richtige Richtung bzw. an die richtige Stelle. Berührt er den Ball, erfolgt die überschwängliche Belohnung.
- Sobald Ihr Hund nun verstanden hat, dass die Berührung des Balls mit der Schnauze belohnt wird, geht es weiter zum nächsten Schritt. Jetzt soll Ihr Kleiner lernen, den Ball nicht nur zu berühren, sondern auch vorwärts zu schieben. Also geht das Spielchen von vorn los. Sie hocken sich vor Ihren Hund und ein bisschen entfernt von dem Ball hin und bringen Ihren Hund dazu, den Ball zu berühren. Am besten bringen Sie dabei den Ball mit der Hand ganz leicht in Bewegung.
- Das Timing muss hier nun perfekt stimmen. Ihr Hund berührt den Ball, Sie stupsen ihn unauffällig an, sodass sich der Ball bewegt. Dann erfolgt die Belohnung und das Kommando „Roll“ wird gesagt.

Wenn Sie hier wortwörtlich am Ball bleiben und viel Geduld zeigen, gelingt es nach einer Weile dann von ganz allein und Ihr Hund hat verstanden, dass „Roll“ bedeutet, dass er etwas mit seiner Schnauze vorschieben soll. Verlangen Sie aber nie zu viel von Ihrem Hund. Breiten Sie das Training lieber auf mehrere Tage/Wochen aus, damit es entspannt und ohne Druck erfolgt.

Fußballer

Der Trick „Fußballer" lässt sich sehr gut auf dem Kommando „Roll" aufbauen. Mit „Roll" hat der Hund nämlich bereits gelernt, runde Gegenstände mit seiner Schnauze nach vorn zu rollen. Das wird nun erweitert und mit mehr Tempo versehen. Dazu geht es natürlich erst einmal nach draußen auf die Wiese, wo nun ein Fußball ins Spiel kommt. Hierfür sollte man einen besonders leichten auswählen; ein schwerer Lederball ist für Kleinhunde eher ungeeignet. Im Idealfall ist der Fußball dabei auch noch etwas kleiner, eben genauso groß, dass er perfekt zur Hunderasse passt.

- Mit „Roll" wird der Hund motiviert, den Ball zu bewegen. Anschließend folgt eine Belohnung, um zu signalisieren, dass Ihr Hund gerade das Richtige macht. Jetzt ist es wichtig, spielerisch zu agieren, also gemeinsam mit dem Hund zu spielen.
- Im Spiel verbieten Sie Ihrem Hund aber jegliches Beißen in den Ball. Er darf ihn nur hin und her rollen, soll sich mit dem Ball bewegen. Statt „Roll" wird hier nun das Kommando „Fußballer" angeführt.

Ihr Hund lernt nun, den Ball mit seiner Schnauze zu kontrollieren bzw. kontrolliert zu bewegen. So entsteht mit der Zeit immer mehr ein schnelles Spiel, bei dem Sie versuchen, den Ball zu kriegen, während Ihr Hund ihn gezielt über den Rasen rollt und ihn dabei sogar kontrollieren kann. Kontrolle ist auch das, was „Fußballer" von „Roll" unterscheidet, denn hier geht es um schnelle Bewegungen mit dem Ball, nicht um einfaches Vorwärtsrollen.

Elfmeter

Wo wir gerade beim Thema Fußball sind: Der Trick „Fußballer" lässt sich wunderbar als schnelles Spiel im Garten nutzen. Natürlich kann das aber auch noch erweitert werden, sodass sich zum „Fußballer" noch das Kunststück „Elfmeter" gesellt. Dies ist denkbar einfach, wenn Ihr Hund die Grundlagen dafür bereits kennt. „Elfmeter" wird nämlich wieder auf dem einfachen Trick „Roll" aufgebaut. Statt den Ball nun aber zu rollen, soll Ihr Hund diesen nur einmal besonders stark anstupsen, und zwar direkt ins Tor.

- Dazu lassen Sie Ihren Hund am besten auf der Wiese „Sitz" machen und hocken sich mit geringem Abstand vor ihn. Jetzt sagen Sie erst einmal wieder „Roll" und geben ihm zu verstehen, dass er sich anschließend wieder setzen soll, also keinerlei großartige Bewegung zeigen darf. Er soll den Ball nur einmal anrollen, das war's.
- Das wird jetzt so lange trainiert, bis der Ball zuverlässig bei Ihnen ankommt und Ihr Hund sich nach dem Anstupsen wieder brav hinsetzt. Sobald das alles klappt, wird aus „Roll" mit der Zeit dann „Elfmeter" gemacht.
- Jetzt erhöhen Sie auch immer mehr den Abstand zwischen Ihnen und Ihrem Hund. Erst nur einen Schritt, dann mehrere, bis Sie irgendwann wirklich einen deutlichen Abstand aufgebaut haben. Elf Meter müssen es bei einem kleinen Hund aber natürlich nicht sein.

Finden Sie nebenbei heraus, wo die Grenzen Ihres Hundes liegen, wie stark er den Ball anstupsen kann und wann es einfach nicht mehr schwungvoller geht, selbst mit ganzer Kraft und Mühe.

Kreisel

Das Herumdrehen bzw. den „Kreisel“ erlernt Ihr Hund am schnellsten und einfachsten mit einem Leckerli. Auch hier kommt es aber auf den Hund an, denn manche brauchen keine Leckereien als Belohnung, sondern lassen sich auch mit der Hand oder einem Spielzeug motivieren, was natürlich deutlich besser wäre. Entscheiden Sie also selbst.

- Halten Sie Ihrem Hund die lockende Hand mit dem Leckerli oder dem Spielzeug vor die Schnauze. Drehen Sie dann Ihre Hand im Kreis um ihn herum, sodass der Hund dieser folgt und sich dabei auch mitdrehen muss.
- Wie eng die Drehung werden soll, bestimmen Sie. Ihr Hund kann sich auf der Stelle drehen oder einen größeren Bogen machen, vielleicht sogar vollständig im Kreis laufen. Hier gibt es viele Möglichkeiten, die von Ihnen frei gewählt werden dürfen.
- Sobald Sie bei einer Drehung das Kommando „Kreisel“ sagen und mit einem Leckerli belohnen, verbindet er die Aktion damit und nach mehreren Wiederholungen ist auch dieser Trick bereits gemeistert. Geht eigentlich ganz einfach, oder?

„Kreisel“ können Sie natürlich nach Belieben anpassen und perfektionieren, zum Beispiel so, dass Ihr Hund sich dauerhaft dreht, wenn Sie das Kommando wiederholt sagen, oder dass er sich so lange dreht, bis Sie ein „Stopp“ aussprechen.

Rückwärts

Rückwärtslaufen klingt einfach, muss Hunden aber eigentlich erst gezielt beigebracht werden. Der normale Hund dreht sich um, statt rückwärts zu laufen, weshalb Bewegungen nach hinten auch gesondert geübt werden müssen, um diese später mit anderen Tricks zu erweitern oder zu kombinieren. Rückwärtslaufen ist nicht sonderlich schwer, aber eben eine wichtige Grundlage, die beherrscht werden sollte.

- Locken Sie Ihren Hund mit einem Leckerli zu sich ganz nah heran. Nun halten Sie ihm das Leckerli vor die Nase. Vermutlich leckt er jetzt bereits an Ihrer Hand, doch Sie sagen „Rückwärts" und machen einen Schritt nach vorn. Weil er auf das Leckerli fixiert ist, geht er rückwärts, ohne sich zu drehen.
- Klappt das nicht, bauen Sie einfach ein paar Hindernisse um Ihren Hund herum auf oder nutzen Sie einen engen Flur/Gang für das Training, sodass er gezwungen ist, rückwärts zu gehen, und sich gar nicht erst drehen kann. Bei kleinen Hunden ist das oft etwas schwierig, weil sie eben sehr flink sind und in jeder Gasse und Nische ihren Platz finden.
- Am Anfang stolpert Ihr Hund vermutlich noch ein wenig, doch mit der Zeit lernt er dann ganz gezielt, Schritte nach hinten zu machen. Das Leckerli dient am Anfang nur zur Fixierung, später sollte aber darauf verzichtet werden.
- Bei jedem Schritt rückwärts bringen Sie das Signal „Rückwärts" an und nach einiger Zeit lernt Ihr Hund so, auf Kommando rückwärts zu laufen.

In manchen Situationen ist das Rückwärtsgehen ganz nützlich und für einige Tricks, wie dem gleich folgenden Handstand, ist es eine sinnvolle und wichtige Grundlage.

Handstand

Der Handstand ist nun endlich mal ein Trick, der nicht unbedingt zu den einfachsten gehört, sondern eher zu den komplexeren Kunststücken gezählt werden kann. Beginnen sollten Sie aber unbedingt mit einfacheren Tricks. Erst wenn Verständnis und Lernbereitschaft gezeigt wurden, kann so etwas Schwieriges wie der Handstand vermittelt werden.

Durch die anfänglichen Übungen haben Sie also bereits gelernt, was Ihr Hund mag, was er nicht mag, wie er reagiert, wie er versteht und mit Ihnen kommuniziert. Deshalb können Sie ihm die Dinge nun besser vermitteln und auch so etwas Schwieriges wie einen Handstand beibringen, ohne dass es für beide Seiten zu Frust und Ärger führt. Das sollte beim Training nämlich jederzeit vermieden werden. Niemals krampfhaft üben, immer locker, lustig, ohne Druck, dafür aber mit viel Freude arbeiten.

- Beim Handstand beginnt alles mit einer kleinen Erhöhung. Hierfür eignet sich ein dickes Buch, ein Hocker, ein kleiner Stuhl oder Ähnliches. Passen Sie die Erhöhung an die Größe Ihres Hundes an. Es soll am Anfang wirklich nur minimal sein, nur ein paar Zentimeter hoch (je nach Größe des Hundes).
- Das „Rückwärts" von vorhin wird nun wichtig, denn der Hund soll jetzt rückwärts auf die Erhöhung treten. Lassen Sie ihn also zurückgehen, bis er nur mit den Hinterpfoten auf der Erhöhung steht. Die Vorderpfoten bleiben auf dem Boden. Jetzt wird gelobt und wiederholt, bis es hier keinerlei Probleme mehr gibt.
- Anschließend wird das Hindernis hinter ihm immer wieder ein wenig erhöht. Also statt einem Buch gibt es erst einmal zwei, dann drei, vier und so weiter, bis Ihr

Hund am Ende bereits einen Handstand zeigt, wenn er rückwärts auf das höchste Hindernis hüpft, weil dieses inzwischen so hoch ist, dass es anders gar nicht mehr möglich wäre.

- Wichtig zu beachten ist: Einen Handstand zu trainieren, dauert mehrere Wochen oder gar Monate. Die Hindernisse sollten also nicht von jetzt auf gleich gestapelt werden bzw. zu schnell zu hoch sein. Der Hund muss das alles erst lernen und seine Beinchen und Gelenke müssen sich ebenfalls erst einmal dehnen und an die neue Position gewöhnen. Also nicht von Anfang an gleich mit der höchsten Stufe beginnen, sondern wirklich erst einmal ein kleines Buch nutzen, in der zweiten Woche ein weiteres hinzunehmen und so weiter.
- Ist das höchste Hindernis erreicht worden, kann fortan auch an einer Wand geübt werden. Ihr Hund geht nun also rückwärts zur Wand und muss mit den Hinterbeinen die Wand hochgehen bzw. sich dort abstützen.
- Am Ende, wenn Ihr Hund sich bereits von der Wand abstützt, ist es wichtig, das Ganze auch draußen zu trainieren. Statt an der Zimmerwand kann er dort beispielsweise an einem Baum, einer Mauer oder einer Hauswand Halt finden.
- Jetzt wird das Ganze noch mit dem Begriff „Handstand“ verbunden, und zwar nicht, wenn der Hund rückwärts läuft, sondern sobald seine Hinterpfoten in die Luft gehen. Das kann nach einiger Zeit dann auch ohne Stütze versucht werden, immer und immer wieder.

Wenn der Hund dies noch nicht von allein macht, versuchen Sie „Handstand“ mit einer kleinen Berührung, einem kleinen Hochheben der Hinterbeine per Hand zu starten, sodass Ihr Hund anschließend von allein den Handstand vollführt. Im Normallfall sollte er nun aber so weit sein, dass er verstanden hat, was zu tun ist, er also die Hinterpfoten selbstständig nach oben bringen kann.

All das kann deutlich länger dauern als andere Tricks, weil viel Gleichgewicht und Körperbeherrschung erforderlich sind, bis der Trick wirklich gut und auch über längere Zeit gelingt. Ganz wichtig ist es hier, immer im richtigen Moment Lob auszusprechen und eventuell ein Leckerli zu geben. Das geschieht immer dann, wenn Ihr Hund die Hinterpfoten ganz von allein nach oben bringt. Zeit, Geduld sowie viel Üben bringen anschließend den gewünschten dauerhaften Erfolg. Doch ich kann es hier nicht oft genug sagen: Lassen Sie sich und Ihrem Hund Zeit für den Handstand, übertreiben Sie das Training also nicht. Weniger ist hier definitiv mehr.

HANDSTAND FÜR HANDSTAND-PINKLER

Das klingt jetzt vielleicht komisch, doch unter kleinen Hunden ist es ein weit verbreitetes Phänomen, dass sie gern mal im Handstand pinkeln. Ganz von allein heben sie dann ihre Hinterbeine empor und stehen auf zwei Beinen mitten im Wald, während sie es einfach laufen lassen.
Sollte Ihr Hund zu dieser Gruppe gehören, nutzen Sie das unbedingt aus, denn es vereinfacht das Training ungemein. Versuchen Sie die Aktion mit dem Begriff „Handstand" zu verbinden. Wichtig dabei ist, dass Sie „Handstand" nur dann sagen, wenn Ihr Hund gerade in die Höhe geht, nicht aber, wenn er uriniert. Er soll schließlich lernen, auf Kommando einen Handstand zu zeigen, nicht aber auf Kommando im Handstand zu pinkeln.
Die Erfahrung zeigt: So ein Training klappt bei den Kleinen ganz gut, wenn denn das Timing stimmt. Damit ersparen Sie sich dann auch gleich den langen und geduldigen Weg von oben, der in fast allen anderen Fällen nämlich erforderlich ist.

Handstand und Lauf

Wie zuvor das Kommando „Steh" kann „Handstand" natürlich auch mit einem „Lauf" kombiniert werden. Sobald der Handstand nämlich zuverlässig erlernt ist und das Gleichgewicht stimmt, ist auch das Laufen auf den beiden Vorderpfoten kein großes Problem mehr. Es erfordert eben nur ein wenig weiterführendes Training. Aber wenn Sie schon einmal dabei sind, naja, Sie wissen schon ...

- Sobald Ihr Hund nun also wirklich zuverlässig einen Handstand beherrscht und dieser auch gefestigt wurde, geht es weiter. Halten Sie ihm beim Handstand einfach ein Leckerli unter die Nase und ziehen Sie Ihre Hand anschließend langsam nach vorn von ihm weg. Ganz wichtig ist dabei, dass das Leckerli wirklich unter der Schnauze gehalten wird. Sobald Ihr Hund nämlich nach vorn schauen muss, gelingt ihm der Handstand meist nicht mehr und er kippt einfach um, verliert sein Gleichgewicht. Das wird am Anfang vermutlich ohnehin passieren, also auch bitte wieder geduldig sein.
- Viel Übung und die Kombination bzw. Verknüpfung mit dem Begriff „Handstand, Lauf" ergeben dann, dass Ihr Hund auf den Vorderpfoten losmarschiert.

Ein toller Trick, der immer wieder viel Eindruck schindet. Einfach ist er aber nicht, denn „Handstand" und „Handstand, Lauf" erfordern eben eine gewisse Geduld und eine ruhige Gelassenheit beim Training.

Sie dürfen nicht erwarten, dass Ihr Hund bereits von Anfang an das nötige Feingefühl und Gleichgewicht besitzt. Hier ist einfach eine Menge Übung notwendig.

Purzelbaum

Auch Hunde können einen Purzelbaum schlagen, zumindest so etwas in der Art. Ihnen das beizubringen ist entweder ganz einfach oder ein wenig umständlich, je nachdem, wie Ihr Hund auf erste Trainingsversuche reagiert und wie Sie mit ihm arbeiten.

- Der erste Versuch sollte daher mit einem Leckerli in der Hand geschehen. Das führen Sie nun unter seinen Kopf, immer weiter nach unten, wobei er dem Leckerli mit dem Kopf folgen muss.
- Ist der Kopf am Boden angekommen, kommt es nun darauf an, dass Ihr Hund nicht aufsteht oder zurückgeht bzw. sich dreht. Führen Sie das Leckerli unter ihm hindurch und versuchen Sie ihn dazu zu motivieren, mit dem Kopf zu folgen, ohne sich zu drehen oder zu bewegen. Im Welpenalter ist das natürlich deutlich einfacher, weil Welpen eben noch etwas tapsiger und weniger vorsichtig sind.
- Folgt er jetzt ganz brav, ist der Purzelbaum so gut wie geschafft. Manchmal hilft auch ein kleiner Schubs, um die ganze Sache etwas anzukurbeln und in Gang zu bringen. Folgt er nicht, versuchen Sie es einfach noch ein paar Mal.
- Falls es nicht sofort gelingt, helfen Variationen. Auch Sie selbst können etwas nachhelfen mit einem Schubs, ein wenig sanftem Druck auf die Beinchen, eben irgendeine Art von Hilfestellung. Hier kommt es einfach auf den Hund an und wie er sich anstellt. Das müssen Sie selbst beobachten und entsprechend eingreifen.
- Am Ende müssen Sie dann nur noch schnell den Begriff „Purzelbaum" ins Spiel bringen, um die Aktion mit dem eigentlichen Begriff zu verbinden.

Wie gesagt: Einfach ist der Purzelbaum vor allem im Welpenalter. Später wird das Training dann immer kniffliger, weil Hunde vorsichtiger werden und nicht mehr so herumtollen und der Purzelbaum nicht mehr nebenbei im Spiel beigebracht werden kann, sondern echte Arbeit verlangt.

Zur Seite

Nicht jeder Hund hat das Talent dafür, sich zur Seite zu neigen und dabei beide Beine – entweder rechts oder links – anzuheben. Besonders Kleinhunde mit kurzen Beinen können/müssen diese Übung eventuell sogar gezwungenermaßen auslassen. Für alle anderen ist es aber ein großer Spaß, denn tatsächlich ist es recht beeindruckend, wenn ein Hund sich zur Seite neigt – auch weil das eben nicht jeder kann und nicht jeder trainiert. Ihrem Hund das beizubringen, gelingt so ähnlich wie beim Handstand.

- Üben Sie anfangs, beide Beine einer Seite auf kleinen Erhöhungen abzustellen, und erhöhen Sie diese mit der Zeit immer weiter.
- Lassen Sie sich, genau wie beim Handstand, ruhig viel Zeit mit dem Training. Das weitere Erhöhen sollte nur langsam erfolgen, damit Ihr Hund und seine Gelenke sich daran gewöhnen können. Also tatsächlich nur schrittweise einige Zentimeter nach oben gehen und gern auch über mehrere Wochen trainieren, nicht direkt an einem Tag alles erzwingen.
- Ein Bordstein bietet hier eventuell bereits perfekt ansteigende Höhen, die sich ideal für das Training eignen. Hier könnte Ihr Hund dann auch gleich üben, den Bordstein mit nur den beiden rechten oder linken Beinen hinaufzulaufen.

- Am Ende verbinden Sie all das noch mit einem passenden Kommando und eventuell einem Handzeichen, schon lehnt sich Ihr Hund elegant zur Seite, hebt also auf einer Seite Vorder- und Hinterbein gleichzeitig hoch. Für das Kommando „Zur Seite" sollten Sie aber wieder auf das korrekte Timing achten, damit beim Training genau der Moment belohnt wird, indem die beiden Beine angehoben werden.

Sie sehen: Auch bei solch normalen Übungen ist viel Platz für eigene Interpretationen und weitere Kreativität. Sicherlich fällt Ihnen bereits die nächste Variation ein.

Bäm

Totstellen war mir damals etwas zu langweilig und auch irgendwie zu blöd. Vor allem der Befehl „Peng" ist so etwas von verbraucht, dass es einfach keinen Spaß mehr machte. Also dachte ich mir etwas anderes aus. Als Handzeichen empfiehlt sich hier die Faust und so ist das Signal auch gemeint. Mit der Faust voll in die Schnauze – natürlich nur im übertragenen Sinne, woraufhin Ihr Hund umkippt und k.o. ist. Das ist ein cooler Trick, wenn er so geübt wird, dass der Hund beim angedeuteten Faustschlag auch wirklich direkt zur Seite kippt und liegen bleibt.

- Bringen Sie Ihrem Hund also bei, auf die Seite zu fallen. Wie? Indem Sie ihn entweder mit Leckerlis motivieren, sich von selbst auf die Seite zu legen, oder ihn einfach auf die Seite kippen bzw. umschubsen, „Bäm" sagen und ihn wieder dazu auffordern aufzustehen.
- Am Anfang legen sich die Hunde meist nur träge und langsam, eben ganz vorsichtig hin. Damit das schneller geht, hilft meist nur ein leichtes „Umstoßen" mit

der Hand. Ihr Hund muss verstehen, dass er direkt umkippen soll, sich nicht erst langsam hinlegen darf.

- Nach kurzer Zeit wird Ihr Hund den Befehl „Bäm" mit Umkippen verbinden, weil er genau dafür belohnt wurde. Jetzt sind nur ständige Wiederholungen wichtig, auch draußen auf der Wiese oder während des Spaziergangs.

Schwer ist das nicht, denn Totstellen gehört zu den absoluten Klassikern. Mit „Bäm" dagegen haben Sie eine eigene Version davon, wie ein Faustschlag, der Ihren Kleinen umhaut. Es ist einfach mal eine andere Variante.

Skateboard

Wenn kleine Hunde oder Hunde im Allgemeinen Skateboard fahren, dann sieht das nicht nur toll aus, es ist auch ein wirklich gelungener Trick und eine unterhaltsame Beschäftigung. Für diese eignet sich im Normalfall jede Art von Skateboard. Ich persönlich habe mir damals aber ein kleines Kinder-Skateboard gekauft, was für meine Chihuahua-Hündin nahezu perfekt ist und nur halb so groß ist wie ein Skateboard für Erwachsene. Wer einen Kleinhund hat, ist mit solch einer speziellen Version also gut beraten.
Die Schwierigkeit beim Skateboardfahren ist, dem Hund zu vermitteln, dass er das Skateboard nach vorn schieben soll. Gerade am Anfang neigen Hunde dazu, nur darauf herumzukratzen oder es zu sich hinzuziehen, jedoch nicht Schwung zu erzeugen und nach vorn zu rollen. Das Training mit dem Skateboard braucht also mal wieder etwas Zeit und eine Menge Geduld, denn im Normalfall klappt so etwas nicht von Anfang an und nicht auf Anhieb.

- Als erstes sollten Sie das Skateboard mal zu einem normalen Alltagsgegenstand werden lassen. Legen Sie es daher also einfach direkt in den Raum, lassen Sie Ihren Hund daran schnüffeln, setzen Sie ihn mal unvermittelt drauf, mal davor, schieben Sie es öfter mal hin und her, damit keinerlei Ängste oder Probleme mit dem Objekt entstehen. Das Skateboard darf dem Hund weder Angst machen noch sollte es etwas Besonderes sein, er muss sich eben einfach daran gewöhnen. Gerade auch das Rollen darf ihm nicht mehr merkwürdig oder angsteinflößend erscheinen.
- Dann gilt es, den Hund dazu zu motivieren, mit den Vorderbeinen aufzusteigen und mit den Hinterbeinen nach vorn zu laufen, um Tempo zu erzeugen. Das ist gar nicht so leicht, klappt in der Bewegung aber deutlich besser als aus dem Stand heraus. Ziehen Sie das Skateboard also langsam nach vorn oder lassen Sie es rollen, während Sie ein „Hopp" oder eine Geste zeigen, damit Ihr Hund versteht, dass er aufspringen soll. Belohnen Sie Ihren Hund für jeden kleinen Schritt oder Teilerfolg, zum Beispiel wenn er in der Bewegung draufhüpft oder sich mit zwei Beinen draufstellt und mit den Hinterbeinen brav mitläuft. Alles ist erst einmal gut, es geht hier noch nicht darum, den Trick perfekt zu meistern.
- Mit der Zeit gibt es dann nur noch Belohnungen bzw. ein Leckerli, wenn er wirklich selbstständig einen Schritt vorwärts macht und damit auch das Skateboard in Bewegung setzt. Außerdem muss das Ganze nun mit dem Begriff „Skateboard" verbunden werden. Das alles erfordert viel Zeit und Geduld. Am besten sollte man das Training immer dann beenden, wenn es einmal gut geklappt hat. Der Rest besteht aus Wiederholungen und bedarf einfach ein wenig Ausdauer, dann funktioniert das schon. Wichtig ist eben nur, es immer wieder zu versuchen.
- Die meisten Hunde verstehen recht schnell, was von ihnen verlangt wird, andere brauchen eine Extraeinladung. Dann kann das „Check" bzw. Pfötchengeben hel-

fen, damit Ihr Hund lernt, das Skateboard mit der Pfote zu berühren. Auch können Sie ihm leichte Hilfestellung geben oder ihn dezent nach vorn schieben, damit er selbst Schwung holt. Der Rest hängt von seiner Begeisterung für das Skateboard ab. Einige fahren richtig gern, andere sind dagegen schwer zu motivieren.

Wie beim Apportieren auch macht nicht jeder Hund das Kunststück mit voller Leidenschaft. Die einen mögen es, die anderen haben an anderen Dingen mehr Spaß. Üben Sie es ruhig, bis es perfekt klappt, doch wenn Ihr Hund einfach keine Freude daran entwickelt, erzwingen Sie es nicht ständig. Es reicht ja, wenn er es kann. Der Weg war das Ziel, das ist bei Tricks eigentlich immer so.

Halt's fest

Der Trick „Halt's fest" kann durchaus mal nützlich sein, auch deshalb, weil er die Grundlage für weitere Kunststücke sein kann. Dabei meint „Halt's fest" einfach nur, dass ein Gegenstand mit aller Kraft festgehalten, also auf gar keinen Fall mehr losgelassen wird. Egal wie sehr Sie dann auch daran ziehen, egal was Sie tun, Ihr Hund lässt das Objekt nicht mehr los, selbst wenn Sie ihn daran in die Luft heben würden. Witziger Trick, der für weitere Spielchen wie „Post holen" von Nutzen sein kann und andere Tricks vereinfacht und beschleunigt.

- Alles beginnt damit, dass Ihr Hund das gewünschte Verhalten zeigen soll. Die meisten Hunde halten beim Spielen ihr Spielzeug bereits sowieso sehr fest im Maul und geben es nicht mehr her, wollen darum zerren, weshalb es sich empfiehlt, hier immer im richtigen Moment ein „Halt's fest" anzubringen.

- Natürlich kann das Kommando aber auch ganz gezielt trainiert werden. Setzen Sie sich dafür mit Ihrem Hund gemeinsam hin und halten ihm etwas zum Festhalten vor die Nase, am besten ein Tau, einen alten Socken, irgendetwas, was für ihn einfach und vor allem auch angenehm zu packen ist. Jetzt zerren Sie ein bisschen daran und versuchen zu erreichen, dass er es festhält und nicht mehr hergibt. Ist dies der Fall, schnell „Halt's fest" sagen, mit einem Leckerli belohnen, indem Sie dann wiederum den Befehl mit „Aus" lockern, sodass er loslässt.

Jetzt sind einfach nur wieder ständige Wiederholungen notwendig, bis Ihr Hund vollkommen verstanden hat, dass „Halt's fest" bedeutet, er soll den Gegenstand nicht mehr hergeben. Das „Aus" macht ihm wiederum klar, dass das „Halt's fest" der Aktion zuvor galt, also dem Festhalten an sich.

Bye-bye

Der Trick „Bye-bye" ist ein wunderbares Kunststück, was vor allem an der niedlichen Darstellung liegt. Gemeint ist eine Art Männchenmachen, wobei der Hund sich auf seinen Hintern setzt, die Pfoten hebt und so einen Abschied signalisiert. Männchenmachen könnte es zwar genannt werden, aber als Bye-bye und Abschiedsgeste wirkt es viel besser. Am Ende sieht das wirklich niedlich aus.

- Für den Trick setzen Sie sich einfach gemeinsam mit Ihrem Hund auf den Boden, und zwar direkt gegenüber mit möglichst wenig Abstand zwischen Ihnen.
- Jetzt gilt es, ein Leckerli in der Hand geschickt zur Nase des Hundes zu führen. Er wird den Geruch aufnehmen und der Hand folgen, die nun langsam über ihn geht.

Wichtig ist dabei, dass Ihr Hund ganz ruhig sitzen bleibt. Das Leckerli sollten Sie deshalb möglichst nah an die Schnauze bzw. Nase halten, sodass kein Spielraum entsteht.

- Im Idealfall kippt Ihr Hund durch die Bewegungen so auf seinen Hintern, dass er nun richtig sitzt. Das allein sieht meist schon unheimlich niedlich aus. Klappt es noch nicht so ganz, helfen Sie mit der Hand ein wenig nach, kippen Ihren Hund leicht zurück und bestätigen ihn, wenn er richtig positioniert sitzt, sofort mit dem Leckerli. Jetzt wird genau das immer wiederholt, bis er verstanden hat, dass der spezielle Sitz die Belohnung bringt.
- Am Ende soll Ihr Hund nicht stehen, denn „Steh" wurde ja bereits gelernt. Ihr Hund soll sich quasi hinsetzen, mit den Pfötchen nach oben, wie bei einem Abschied.

Erweitert werden könnte das niedliche Männchenmachen noch mit einer Bewegung der Pfote, was dann wie ein Winken aussieht. Das gewünschte Verhalten erreichen Sie, indem Sie „Check" ins Spiel springen und ein wenig damit herumprobieren. Für den Sitz selbst nutzen Sie am besten ein „Bye-bye".

Einspruch

Der Trick „Einspruch" ist super, denn er lässt sich meist eindrucksvoll präsentieren. Der Trick geht so: Sie fragen Ihren Hund etwas, tuscheln dabei direkt in sein Ohr und sobald Sie ablassen, schüttelt er kräftig mit dem Kopf. Aus menschlicher Sicht zeigt er damit, dass er nicht der gleichen Meinung ist. Ihr Hund legt also Einspruch ein. Das ist immer wieder lustig und ein nettes Kunststück.

- „Einspruch" wird nun wieder über Umwege erlernt, weil es keinen direkten Weg gibt. Ihr Hund muss schließlich erst einmal begreifen, was Sie eigentlich von ihm wollen. Alles beginnt mit einer Bewegung nach links und rechts. Schnappen Sie sich daher ein paar Leckerlis, und zwar in jede Hand eines. Lassen Sie Ihren Hund jetzt direkt vor Ihnen „Sitz" machen.
- Nun halten Sie beide Arme neben seinen Kopf. Er wird sich nun etwas umschauen, soll am Ende aber wieder Sie anblicken und sich davon nicht ablenken oder beeindrucken lassen.
- Jetzt wird immer abwechselnd mit den Leckerlis bzw. der entsprechenden Hand gewackelt. Erst soll Ihr Hund nach links schauen, also bewegen Sie die Finger etwas und geben ihm schnell das Leckerli, dann soll Ihr Hund nach rechts schauen, wo das Spiel erneut beginnt, und zwar ohne große Unterbrechung, am besten direkt hintereinander.
- Wichtig ist jetzt, dass Sie hier wirklich nur winzige Leckerlis geben, die mit einem Bissen sofort verschwunden sind, wie ich es schon am Anfang des Buches empfohlen habe.
- Die Übung mit den Leckerlis wird nun erst einmal ganz konzentriert nacheinander, dann aber immer schneller und schneller wiederholt. Gedulden Sie sich, viele Hunde brauchen eine Weile, um das zu verstehen.
- Nach einiger Zeit und vielen Wiederholungen sollte Ihr Hund bereits automatisch erst nach links, dann nach rechts schauen. Er hat es zuvor schließlich immer wieder getan, es ist nun also fast schon Routine. Gelingt dies, ist der richtige Zeitpunkt gekommen, das Ganze mit dem Begriff bzw. der Frage „Einspruch" zu unterlegen. Danach immer loben und eine kurze Pause machen.
- Ihr Hund kann nun schon den halben Trick und schüttelt bei dem Kommando „Einspruch" mit dem Kopf. Erst nach links, dann nach rechts, ganz so, wie Sie es

mit ihm geübt haben. Jetzt ist es an der Zeit, die Übung noch zu erweitern und auszubauen.

- So können Sie mit Ihrem Hund üben, dass Sie ihm erst etwas ins Ohr flüstern bzw. so tun als ob, ihn dann zweifelnd ansehen und „Einspruch" sagen, woraufhin er mit dem Kopf schüttelt.

Ein herrliches kleines Kunststück, vor allem für diejenigen, die ihre Tricks gern vor anderen Personen vorführen und kleine Show daraus machen.

Süße/Süßer

Wäre es nicht toll, wenn Ihr Hund auf Kommando süß ist? Die Antwort kann nur „ja" lauten, wobei Hunde für den Halter ja eh immer und überall süß sind. Der Begriff „Süße" oder auch „Süßer", je nachdem ob Hündin oder Rüde, soll das süße Verhalten augenblicklich auslösen. Gemeint ist damit ein Hinlegen mit anschließendem Kreuzen der Pfoten und einem niedlichen Blick nach oben. So sehen die Kleinen meist nämlich besonders niedlich aus.

- Für „Süße/Süßer" muss Ihr Hund erst einmal „Platz" machen und sich lang auf den Boden legen. Wichtig: Das Platz muss richtig beherrscht werden, es gibt also kein Rumgezappel. Auch Kleinhunde können das, bekommen „Platz" aber oft nicht korrekt beigebracht, deshalb die besondere Erwähnung.
- Jetzt sollte Ihr Hund Pfötchen geben. Hier im Buch habe ich das mit dem Begriff „Check" vermittelt. Ein einfaches „Check" sollte nun also dafür sorgen, dass Ihr Hund im Liegen versucht, seine Pfote zu heben. So richtig hoch gelingt das nicht

und weil Sie ihm Ihre Hand zum Berühren immer über seine andere Pfote halten, kreuzt er die Pfoten dabei zwangsläufig. Dann wird gelobt und „Süße/Süßer" gesagt – natürlich wie immer genau im richtigen Moment.
- Die Übung wird nun mehrfach wiederholt. Zunächst legt sich Ihr Hund also hin, soll dann Pfötchen geben, wobei er die Pfoten kreuzt, wird mit „Süße/Süßer" bestätigt und ausgiebig belohnt. Immer wiederholen.
- Gibt es Probleme beim Kreuzen der Pfoten, können Sie ruhig mit den Händen nachhelfen. Im Notfall legen Sie die Pfoten einfach selbst übereinander, ganz ruhig und gelassen, und achten dabei darauf, dass Ihr Hund die Position beibehält.

Nach einer Weile sollte er das Kommando „Süße/Süßer" eigentlich begriffen habe. Das bedeutet, dass er sich bei dem Laut automatisch hinlegt und die Pfoten kreuzt. Der niedliche Blick kommt im Normalfall von allein, weil Ihr Hund Sie aufmerksam anschaut und auf das Auflösekommando wartet. Das ist hier auch besonders wichtig, denn natürlich gilt das Kommando so lange, bis Sie die Auflösung sprechen. Wäre dem nicht so, wäre der Trick wenig beeindruckend.

Betteln

Eigentlich gehört das Betteln ja zu den Dingen, die sich kein Hundehalter wünscht. Doch mit „Betteln" ist hier nur eine andere Form der Niedlichkeit gemeint, denn Ihr Hund soll lernen, seinen Kopf auf Kommando zur Seite zu neigen, eben genauso, wie wir alle es schon einmal gesehen haben. Sie wissen schon, dieser niedliche Blick mit leicht schrägem Kopf und fragendem, treuen Ausdruck. Wäre doch super, wenn Ihr Hund genau dieses Verhalten auch mit einem einfachen Befehl zeigen würde.

- Zunächst einmal gilt es, die gewünschte Bewegung hervorzurufen. Treuer Blick, leicht schräger Kopf, das zeigt ein Hund schließlich nicht immer und überall. Also muss man herausfinden, wann genau dies der Fall ist.
- Wenn Hunde besonders aufmerksam sind, ist häufig der leicht schräge Kopf mit dem offenen Blick zu sehen. Andere reagieren auf merkwürdige Geräusche wie ein Piepsen im Hintergrund so. Finden Sie also etwas, was dieses Verhalten bei Ihrem Hund auslöst.
- Nun bringen Sie Ihren Hund immer wieder dazu, den Kopf schräg zu halten. Bei Geräuschen könnten Sie diese heimlich hinter Ihrem Rücken erzeugen. Aufmerksamkeit erhalten Sie dagegen, wenn Sie einen frischen Knochen oder eine andere besondere Leckerei in der Hand halten.
- Sobald der Kopf nun geneigt wird, muss man sofort und genau zum richtigen Zeitpunkt belohnen. Auch der Befehl „Betteln" kann jetzt angebracht werden.

Das war es eigentlich schon. Sie müssen das Ganze nur immer wieder zwischendurch üben. Wichtig ist hier außerdem, dass Sie genau den Moment zur Belohnung erwischen, in dem Ihr Hund gerade den Kopf neigt. Der süße Blick kommt dann von ganz allein.

Verbeug dich

Ein „Verbeug dich" ist großen Hunden ziemlich einfach beizubringen, bei manch einem kleinen kann es allerdings auch schnell mal kompliziert werden. Doch kann heißt nicht muss und so schwer ist das Kommando eigentlich auch gar nicht.

Gemeint ist mit „Verbeug dich" ein Absenken der Vorderbeine, während die Hinterbeine ganz normal stehen bleiben: eine echte Verbeugung eben.

- Im Idealfall sagen Sie einfach jeden Morgen, sobald sich Ihr Hund streckt, ein „Verbeug dich" an. Dieses Strecken ist nämlich genau das, was später als „Verbeug dich" abgerufen werden soll.
- Mit der Zeit verbindet Ihr Hund den Begriff und sein Verhalten dann von ganz allein miteinander und schon kann er sich auf Befehl verbeugen. Wie gesagt: im Idealfall.
- Doch so einfach ist das bei Hunden bekanntlich nicht immer, weshalb natürlich auch gezielt geübt werden kann. Am besten führen Sie dazu ein Leckerli an seine Nase, gehen dann tiefer in Richtung Brust/Beine und hoffen darauf, dass er nur mit dem Vorderköper nach unten geht, während der restliche Körper oben bleibt.
- Ist das der Fall, sagen Sie „Verbeug dich", loben schnell ausgiebig und geben ihm das Leckerli. Wenn das geklappt hat, reichen jetzt ständige Wiederholungen, bis Ihr Hund den Trick zuverlässig ausführt.

Klappt das mit dem Verbeugen allerdings noch nicht so gut, können Sie auch an erhöhten Positionen oder Kanten mit Ihrem Kleinen üben. Dann muss er ja zwangsläufig mit dem Oberkörper heruntergehen, um das Leckerli überhaupt zu erreichen. Eine Bordsteinkante, eine niedrige Treppenstufe oder Ähnliches bietet sich dafür regelrecht an. Auch mit der Hand können Sie noch etwas nachhelfen, indem Sie einfach unter den Bauch greifen und so dafür sorgen, dass Ihr Hund die Hinterbeine während der Übung immer ausgestreckt lässt.

Schlange

Beim Kommando „Schlange" kann sich wohl jeder bereits denken, was gemeint ist – genau, ein Kriechen und Schlängeln über den Boden, wie es eben auch eine Schlange zeigt. Der Trick ist witzig und eine nette Abwechslung, sollte aber natürlich nur auf weichem Untergrund wie einer Wiese geübt und vorgeführt werden.

- Auch dieses Verhalten zeigen einige Hunde bereits von selbst. Wenn das der Fall ist, benennen Sie es stets mit dem Befehl „Schlange" und belohnen Sie Ihren Hund dafür, wenn er sich über den Boden robbt. Am besten finden Sie dann natürlich noch heraus, wann und wo genau er das macht, so können Sie das gewünschte Verhalten nämlich immer wieder gezielt auslösen und das Training damit deutlich beschleunigen.
- Zeigt Ihr Hund das Verhalten dagegen nicht von allein, muss fleißig geübt werden. Dazu lassen Sie ihn „Platz" machen und halten ihm ein Leckerli direkt vor die Nase. Ganz langsam ziehen Sie dieses nun nach vorn weg, sodass Ihr Hund folgt. Bestehen Sie dabei aber immer auf das „Platz", damit er sich auf dem Bauch nach vorn ziehen muss, um das Leckerli zu erreichen. Möchte er aufstehen, sagen Sie also wieder „Platz", damit er versteht, dass er nur durch ein Kriechen an das Leckerli kommen kann. Ein wenig Geduld ist hier gefragt.
- Das wird jetzt immer wiederholt und sobald sich Ihr Hund zuverlässig nach vorn zieht, bringen Sie das Verhalten mit dem Befehl „Schlange" in Verbindung. Jetzt kann er das Schlängeln bald auf Befehl und daher dürfen die Strecken weiter und komplexer, ruhig auch mal mit ein paar Kurven versehen werden. So wird das Kommando ausgebaut, bis sich Ihr Hund zuverlässig über lange Strecken wie eine Schlage fortbewegt und nicht mehr nur gerade nach vorn.

Gibt es Probleme beim Training, können Sie die Übung auch unter einem Hocker oder einem ähnlichem Gegenstand durchführen. Ihr Hund legt sich hin, Sie stellen vorsichtig den Hocker über ihn, unter dem er sich nun hindurchziehen muss, um wieder aufzustehen zu können. Ohne Hilfsmittel finde ich es aber persönlich besser, weil dann mehr Kommunikation und gegenseitiges Verständnis notwendig sind.

Strohhalm

Der Trick „Strohhalm" ist auch wieder ein echter Party-Hit, denn so etwas kommt allgemein recht gut an. Gemeint ist damit, dass Ihr Hund andeutet, mit einem Strohhalm zu trinken, diesen also lange im Maul behält. Das ist gar nicht so einfach zu trainieren, denn so recht natürlich scheint es dem Hund schließlich nicht. Er würde den Strohhalm viel lieber zerbeißen, darauf herumkaufen oder ihn zu seinem Körbchen tragen. Also gilt es, in kleinen Schritten die notwendige Disziplin zu vermitteln.

- Erst einmal sollte Ihr Hund den Strohhalm (also einen Trinkhalm aus Plastik) nun kennenlernen. Zeigen Sie ihm daher einen Strohhalm, lassen Ihn daran schnuppern und lecken, vielleicht auch einmal kurz hineinbeißen.
- Kann er mit dem Strohhalm nichts anfangen, verleihen Sie diesem einen guten Geruch. Legen Sie den Strohhalm über Nacht in die Leckerli-Box, reiben Sie ihn mit Futter ein, füllen Sie ihn eventuell mit einem Snack oder baden Sie ihn in Wurstwasser – Hauptsache, er wird interessant und irgendwie attraktiv für den Hund. Achten Sie aber darauf, dass kein Plastik abgebissen wird, wenn Ihr Hund anschließend gierig danach schnappt.

- Jetzt müssen Sie den Hund immer dann belohnen, wenn er den Strohhalm gerade im Maul hat. Sie sollten immer sofort freudig reagieren und ein „Fein" oder anderes lobendes Wort anbringen, damit Ihr Hund mit der Zeit versteht, dass es gut ist, wenn er in den Strohhalm beißt bzw. ihn im Mund behält.
- Sobald der Hund jetzt zuverlässig in den Strohhalm beißt, muss anschließend das längere Festhalten belohnt werden – desto länger, umso besser. Jede Millisekunde muss hier freudig anerkannt werden. Nach einer Weile gibt es dann nur noch Lob und erhöhte Aufmerksamkeit, wenn der Strohhalm auch wirklich über längere Zeit im Maul verbleibt. Außerdem gilt es nun, bei jeder Berührung mit dem Strohhalm bereits den Begriff „Strohhalm" anzubringen, damit die Berührung sowie das spätere Im-Maul-Halten mit dem Kommando verbunden werden.
- Klappt das alles nicht so gut, nutzen Sie den zuvor erlernten Befehl „Halt's fest" oder üben Sie diesen zunächst einmal. Dann können Sie Ihrem Hund mit „Halt's fest" signalisieren, dass er den Strohhalm nicht mehr loslassen soll und so eine direkte Verbindung schaffen, die er bestimmt verstehen wird.

Wenn alles geklappt hat, müssen Sie jetzt einfach nur noch viel üben, um das Ganze zu perfektionieren. Am besten stellen Sie den Strohhalm in einen Becher oder stecken ihn in eine Flasche, aus der Ihr Hund nun „trinken" soll.

Beim Kommando „Strohhalm" beginnt er dann, den Strohhalm in den Mund zu nehmen, der sich in dem Becher oder in der Flasche befindet. Das sieht klasse aus und ist für alle Anwesenden daher auch ein großer Spaß.

Taschentuch

Der Trick „Taschentuch“ ist ein wenig in die Jahre gekommen, ich gebe es zu, doch Spaß und Freude macht das kleine Kunststück auch heute noch. Im Grunde geht es dabei um nichts anderes, als dass Ihr Hund Ihnen bei dem Begriff „Taschentuch“ sofort eins bringt. Alternativ könnten Sie für den Trick natürlich auch spaßige Begriffe wie „Hatschi“ oder „Gesundheit“ verwenden, ich persönlich mag es hier aber lieber simpel und schlicht.
Am Ende ist es natürlich jedem selbst überlassen, mit welchem Kommando er den Trick seinem Hund beibringen möchte. Der Kreativität sind schließlich keine Grenzen gesetzt und bei solchen Kunststücken geht es ja vor allem um den gemeinsamen Spaß zu zweit.

- Im Grunde ist der Trick „Taschentuch“ ganz einfach ein Apportieren. Ihr Hund soll beim Begriff „Taschentuch“ einfach mit einer Packung Papiertaschentücher oder etwas Ähnlichem angerannt kommen. Daher sollte man sich zuerst diese Gegenstände mit dem Kommando „Bring“ bringen lassen.
- Dann wird unterschieden. Am besten legen Sie jetzt zwei verschiedene Gegenstände nebeneinander, zum einen das Taschentuch und zum anderen einen weiteren Gegenstand. Sagen Sie nun „Taschentuch“ und wenn Ihr Hund den Begriff trotz vorangegangener Übung noch nicht mit Apportieren in Verbindung bringt, fügen Sie noch ein „Bring“ hinzu. Jetzt bringt er im Idealfall bereits die Packung Taschentücher.
- Geschieht das nicht und bringt er den anderen Gegenstand, schicken Sie Ihren Hund ohne großes Lob zurück, sagen noch einmal „Taschentuch“ und lassen sich dies gezielt bringen. Er muss nun einfach mit etwas Übung unterscheiden lernen.

„Bring“ bedeutet quasi, alles zu apportieren, aber „Taschentuch“ gilt nur für diesen einen Gegenstand.

- Lob bekommt er fortan also nur noch dann, wenn er bei „Taschentuch“ die Packung Taschentücher anschleppt. Alles andere wird still hingenommen, der Hund wird mit Handzeichen zum richtigen Objekt zurückgeleitet und gelobt, sobald er es dann gebracht hat.

Tür auf/Tür zu

Das Öffnen von Türen kennt man von großen Hunden, die machen das meist nämlich irgendwann von selbst, sobald sie dahintergekommen sind, dass die Klinke einfach nur heruntergedrückt werden muss. Doch kleine Hunde haben es da oft deutlich schwerer, sie erreichen die Klinke nämlich gar nicht erst und können so auch keine Türen öffnen – theoretisch, denn natürlich ist es durchaus machbar, und zwar in zwei unterschiedliche Richtungen.
Um Ihrem Hund das Türöffnen beizubringen, müssen Sie sich also erst einmal entscheiden, wie genau dies geschehen soll. Soll Ihr Hund die Tür wirklich öffnen oder nur die angelehnte Tür auf oder zu schieben? Öffnen gelingt bei Kleinhunden nur dann, wenn Sie weitere Hilfsmittel nutzen. Ansonsten dürfen die Türen nur angelehnt sein, damit Ihr Hund sie auch öffnen kann.

- Soll die Tür wirklich geöffnet werden, wird mit einem Seil an dem Türgriff geübt. Dafür muss dem Hund das Ziehen daran beigebracht werden. Sobald er es stark genug nach unten zieht, geht die Klinke ebenfalls nach unten und die Tür öffnet sich. So ist der Plan. Also darf das Seil nicht zu tief hängen. Man sollte es am

Softis

besten so anbringen, dass sich der Hund quasi mit seinem ganzen Gewicht an das Seil hängen kann, um so die Klinke herunterzuziehen. Je nach Gewicht und Kraft ist das anders sonst kaum möglich. Wir reden hier ja immerhin von Kleinhunden und die sind Fliegengewichte.

- Jetzt bringen Sie ihm spielerisch bei, an der Schnur zu ziehen, sodass er die Tür damit öffnet. Einfach ein wenig das Seil herumwedeln und spielen, das sollte kein großes Problem sein.
- Die Aktion mit dem Ziehen verbinden Sie nun mit einem Begriff wie „Tür" und üben es immer und immer wieder. Irgendwann sollte Ihr Hund bei dem Begriff „Tür" sofort an der Schnur ziehen, welche wiederum die Klinke herunterdrückt und die Tür öffnet.
- Jetzt beginnt das eigentliche „Tür auf/Tür zu"-Training. Alles zuvor kann auch weggelassen werden, denn nicht jeder möchte, dass der eigene Hund eine geschlossene Tür öffnen kann. Der Rest der Übung ist nun ganz einfach. Vermitteln Sie Ihrem Hund, dass er mit seiner Schnauze in die Spalte der Tür gehen soll, um diese so aufzuschieben. Zeigen Sie darauf, er wird irgendwann das Richtige versuchen. Dann loben Sie ihn sofort dafür und üben es erneut von der anderen Seite.
- Sobald Ihr Hund nun verstanden hat, dass er die angelehnte Tür aufschieben soll, verbinden Sie das Ganze mit dem Kommando „Tür auf". Immer wieder üben und vor allem darauf bestehen, dass die Tür nicht mehr nur leicht aufgeschoben, sondern vollständig geöffnet wird.
- Sobald „Tür auf" wirklich klappt, beginnen Sie mit „Tür zu". Jetzt motivieren Sie Ihren Hund, dasselbe in die andere Richtung zu tun. Wichtig ist, dass „Tür auf" bereits verinnerlicht wurde, um den Hund jetzt nicht komplett durcheinanderzubringen. Also bitte alles nacheinander und nicht zu viel auf einmal trainieren.

Im Grunde war es das jetzt schon. „Tür auf/Tür zu" erfordert einfach eine gewisse Übung und ständige Wiederholung. Lassen Sie Ihren Hund also einfach immer die Türen für Sie öffnen, jedes Mal, wenn Sie den Raum betreten oder verlassen. Nach einer Weile klappt es dann sicher und zuverlässig und Ihr Hund schließt die Tür für Sie, während Sie selbst auf der Couch liegen.

Hollywood

Mit „Hollywood" ist nichts anderes gemeint, als dass Ihr Hund einen roten Teppich ausrollen soll. Im Idealfall schneiden Sie sich dafür einfach ein Stück Teppich zurecht. Wer darauf keine Lust hat oder kein Geld investieren möchte, nutzt ein Platzdeckchen bzw. Tischdeckchen. Letzteres ist für Kleinhunde sowieso gut geeignet, weil es nicht so schwer wie ein Stück Teppich ist.

- Legen Sie den Teppich oder das Platzdeckchen eingerollt vor Ihren Hund. Am besten rollen Sie es dann schon einmal ein paar Zentimeter aus, damit sich Ihr Hund mit den Vorderpfoten auf das ausgerollte Stück stellen kann.
- Ist das Kommando „Roll" erlernt worden, kann dies nun dazu genutzt werden, um den Hund zum Ausrollen des Teppichs zu bringen. Kann er den Trick noch nicht, zeigen Sie ihm einfach, dass der Teppich ausgerollt werden kann. Motivieren Sie ihn mit Handzeichen und Beispielen oder verstecken Sie in der Rolle ein Leckerli, welches er nur erreichen kann, wenn er den Teppich ein Stück ausrollt.
- Sobald er nun den Teppich ausbreitet, wird das Signalwort „Hollywood" genutzt. Jetzt wird das Spielchen immer und immer wiederholt, bis vollkommen klar ist, dass beim Begriff „Hollywood" der Teppich ausgerollt werden soll.

Seilspringen

Auch Seilspringen ist mit Kleinhunden gar kein Problem, es muss natürlich nur wieder entsprechend geübt werden. Als Kunststück ist das durchaus witzig, zu lange würde ich mit meinem Hund aber nicht Seilspringen üben, denn sonderlich gut für die Gelenke ist dies sicherlich nicht. Bei großen Hunden kennen Sie Seilspringen vermutlich vor allem gemeinsam mit dem Menschen. Der Mensch schwingt ganz normal das Seil, der Hund springt mit ihm hindurch. Ich persönlich finde das recht langweilig und sinnlos, habe außerdem immer Angst, dass mein Fuß mal versehentlich den Hund trifft. Viel spannender ist es doch, zu zweit ein Seil zu schwingen, während der Hund in der Mitte darüber springt. Manch ein Hund entwickelt dabei eine regelrechte Freude und wirbelt wie wild durch die Luft.

- Als Erstes muss Ihr Hund wissen, was Sie von ihm wollen. Gar nicht so einfach beim Seilspringen, deshalb sollte er unbedingt schon einen sicheren Befehl wie „Spring" kennen. Er muss also gelernt haben, auf Kommando zu hüpfen.
- Jetzt stellen Sie sich mit einem Partner in einigem Abstand hin, jeder mit einem Ende des Seils in der Hand. Dieses wird nun geschwungen, während der Hund in der Mitte warten sollte.
- Nun muss im richtigen Moment das „Spring" erfolgen und sobald Ihr Hund verstanden hat, dass er, sobald das Seil zu ihm gelangt, springen muss, sollte dies auch schon von allein klappen. Spätestens wenn er ein paar Mal das Seil gespürt hat, wird er von selbst springen.

Jetzt ist nur viel Training bzw. Übung notwendig, damit Ihr Hund das Kunststück verinnerlicht und auch nach längerer Zeit noch kennt und weiß, was zu tun ist.

Frühstück machen

Der Trick „Frühstück machen" ist vielleicht schon ein wenig mehr als nur ein Trick, vor allem, weil es ein Ablauf mehrerer Kommandos ist und nicht als einzelnes Kunststück gelernt werden kann bzw. sollte. Es ist einfach nur eine nette Aktion, um den Hund aktiv zu fordern und zu beschäftigen oder wenn Sie Ihren Freunden gern mal einstudierte Kunststücke mit Ihrem Hund präsentieren.

- Für „Frühstück machen" stellen Sie einen kleinen Tisch oder einen umgestülpten Karton auf den Boden und besorgen sich Plastikgeschirr oder Pappteller, die Ihr Hund anschließend auf dem Tisch anordnen soll.
- Bringen Sie ihm den Ablauf nach und nach bei und zeigen ihm, was zu tun ist. Erst bringt er den Teller, dann den Becher, vielleicht noch eine Gabel und ein Messer.
- Bis das alles klappt, dauert es ein Weilchen und das war dann schon die eigentliche Herausforderung. Wie genau dieses Kunststück geübt wird, sollte inzwischen klar sein. Gegenstand für Gegenstand wird gebracht und, je nach Fähigkeit des Hundes, können Sie dabei auch gleich noch versuchen ihm beizubringen, diese zu unterscheiden. Klappt das nicht, bringt er einfach alle Teile nacheinander zum Tisch und legt sie dort gezielt ab.
- Erst am Ende verbinden Sie all das mit dem Kommando „Frühstück machen" und wiederholen die Prozedur mehrmals.

Ist der Ablauf erst einmal verinnerlicht, ist „Frühstück machen" ein nettes Kunststück zum Vorführen.

SPIEL UND BESCHÄFTIGUNG FÜR JEDEN TAG

Knifflige Spiele

Mittlerweile werden im Handel viele Spiele für Hunde angeboten, die meistens aufwendig verarbeitet sind und daher ihren Preis haben. Aber die meisten dieser Spielzeuge lassen sich auch ganz einfach selbst basteln und bieten so Ihrem Hund mehr oder weniger knifflige Spiele.

Hütchenspiel

Das Hütchenspiel kann ziemlich schnell und sehr einfach gespielt werden. Dafür stellen Sie Ihrem Hund drei Becher hin, zeigen ihm ein Leckerli und verstecken es dann sichtbar unter einem der drei Behälter. Jetzt werden diese wie beim Hütchenspiel gemischt und Ihr Hund muss nur mit der Nase das richtige Behältnis finden. Geht er zum falschen Becher, wird neu gemischt. Geht er zum richtigen, bekommt er die Belohnung.

Hier geht es also um Geruch und Auffassungsgabe. Ihr Hund soll sich konzentrieren und den richtigen Becher finden. Am Anfang klappt das eher selten, mit etwas Übung und sobald der richtige Blick dafür vorhanden ist, gelingt es dann allerdings häufiger und Ihr Hund wird fokussiert und konzentriert mitmachen. Genau deshalb ist es auch eine wunderbare Beschäftigung für zwischendurch. Einfach ein paar

Runden spielen und schon ist der Hund wieder für fünfzehn Minuten gefordert worden. Ziel erfüllt.

Becher stapeln

Becher stapeln klingt einfach, ist aber eine recht anspruchsvolle Aufgabe. Gemeint ist damit, dass Ihr Hund Becher stapeln und dann wieder auseinandernehmen soll. Am besten eignen sich hierfür Plastikbecher, die genau ineinander passen. In den untersten legt man nun ein Leckerli und die anderen werden hineingestellt, sodass ein kleiner Turm entsteht. Ihr Hund soll nun Becher für Becher herausnehmen, bis er am Ende, also dem Leckerli, angekommen ist.
Dann lassen Sie ihn die Becher aber auch wieder einsetzen, sodass er den Turm wieder korrekt aufbaut. Das Ganze ist recht unterhaltsam und daher perfekt für einen nassen oder kalten Nachmittag daheim.

Panzerknacker

Unter Panzerknacker verstehe ich Folgendes: Sie verstecken für Ihren Hund ein Leckerli in einer Box, einem Karton, einer alten Schachtel oder Verpackung. Diese sollte im besten Fall eine sichtbare Öffnung enthalten, die Sie selbstverständlich wieder schließen, sobald das Leckerli platziert wurde. Dabei sollten Sie aber darauf achten, dass die Verpackung für das Tier ebenfalls einfach zu öffnen ist. Jetzt ist Ihr Hund dran. Er soll diesen „Panzerschrank" knacken, um an das Leckerli zu gelangen, und zwar nicht mit Gewalt, sondern mit Köpfchen.
Ideal sind hierfür alte Eierkartons geeignet, aber grundsätzlich kann man jeden Pappkarton und jede alte Verpackung dafür verwenden. Abwechslung ist hier sogar angebracht, sodass Sie ruhig nach jeder Bestellung im Online-Shop bzw. nach jedem erhaltenen Paket mit der alten Verpackung spielen und Ihrem Hund

Aufmerksamkeit schenken können. So hat er immer neue Größen und Formen zu „knacken".

Achten Sie dabei aber unbedingt darauf, dass Ihr Hund die Kartons nicht einfach zerreißt oder aufbeißt. Er soll wirklich nach der Öffnung suchen und diese gezielt und vorsichtig herausziehen, aufklappen oder Ähnliches. Alles andere wäre zu leicht und das Spiel wäre auch zu schnell wieder vorbei. Klappt es mal nicht oder ist ein Karton sehr schwer zu öffnen, helfen Sie Ihrem Hund schnell ein bisschen, damit kein Frust entsteht. Den meisten Tieren macht „Panzerknacker" mit ein wenig Übung viel Freude, vor allem, wenn dabei immer wieder neue Kartons und Verstecke zum Einsatz kommen.

Roll die Flasche

Ich persönlich bin gegen gekaufte Spielzeuge, deshalb bastle ich mir die meisten einfach selbst. Für „Roll die Flasche" brauchen Sie nur eine leere Plastikflasche. Bohren oder stechen Sie dort nun einige Löcher hinein. Die Größe der Löcher richtet sich nach den Leckerlis, die Anzahl nach Ihrem Hund. Feilen Sie die Löcher am besten noch aus, um scharfe Kanten zu vermeiden, und waschen Sie die Plastikspäne mit Wasser vollständig ab. Am Ende geht es darum, dass Sie in die Flasche mit den Löchern ein paar köstliche Leckerlis füllen. Ihr Hund muss die Flasche nun rollen, damit die Leckerlis im Inneren sich bewegen und aus den gebohrten Löchern herausfallen.

Sind die Löcher zu groß oder sind zu viele vorhanden, ist das Spiel sinnlos und zu einfach. Ihr Hund soll schon wirklich längere Zeit rollen, bevor eines der Leckerlis hinausfällt. Eine wunderbare Arbeit für Hunde, mit der sie sich ihr Futter regelrecht verdienen können.

Kartenziehen

Wo wir gerade bei der Plastikflasche sind – mit einer großen Plastikflasche lässt sich noch ein ganz anderes lustiges Spiel basteln. Dazu schnappen Sie sich erst einmal die Säge und sägen die Flasche an mehreren Stellen ein. Nicht komplett durchsägen, aber schon fast bis zum anderen Ende. Am besten feilen Sie alles wieder fein ab, um scharfe Kanten zu vermeiden, dann die Flasche mit Wasser gut durchspülen, damit keine Plastikspäne mehr vorhanden sind. Jetzt werfen Sie von oben ein Leckerli in die Flasche und stecken Spielkarten oder zurechtgeschnittene Kartonscheiben in die gesägten Spalten. Anschließend drehen Sie die Flasche um. Ihr Hund muss nun Karte für Karte herausziehen, damit das Leckerli Stück für Stück nach unten fällt und am Ende herauspurzelt.

Snack-Mikado

Mit Hunden Mikado zu spielen, das ist wieder ein echter Klassiker unter den Beschäftigungen. Dafür holen Sie sich aus dem Baumarkt einfach ein paar dünne Plastikrohre und schneiden diese dann in etwa 30 Zentimeter lange Stücke zurecht. In eines davon wird nun ein Leckerli gesteckt, danach wird dieses gemeinsam mit allen anderen übereinander gelegt wie bei Mikado. Ihr Hund muss nun das richtige Röhrchen erschnüffeln und dann noch irgendwie dafür sorgen, dass das Leckerli aus der Röhre fällt. Das fordert seine Konzentration und macht eine Menge Spaß.

Tauchen

Mit Tauchen ist natürlich kein Tauchen im menschlichen Sinne gemeint, sondern ein minimales Abtauchen mit der Schnauze. Füllen Sie eine kleine Schale mit Wasser und versenken Sie darin ein Leckerli. Ihr Hund sollte nun versuchen, es her-

auszubekommen. Dafür muss er mit der Nase unter Wasser sein, also kurzzeitig tauchen.
Gerade im Sommer haben einige Hunde viel Spaß mit solchen Spielchen, während andere so etwas gar nicht mögen und sich weigern. Macht aber nichts, denn wenn Ihr Hund nicht tauchen will, verändern Sie das Spiel eben ein wenig und lassen ihn das Leckerli anders herausbekommen. Mit der Pfote kann er es beispielsweise rausziehen bzw. rausfischen und bekommt im Sommer so gleich noch eine kleine Abkühlung spendiert.

Das ist eine lustige Beschäftigung, um die Sommerzeit im Garten gemeinsam zu genießen. Das Ganze ist natürlich auch wunderbar für ein kleines Planschbecken im Garten geeignet.

Ringwurfspiel

Kennen Sie diese Ringwurfspiele für Kinder? Auch für Hunde lässt sich das Spiel prima nutzen. Im Grunde geht es beim Ringwurfspiel nur darum, einen Ring auf einen Stab zu werfen. Ganz simpel. Mit dem Hund lässt sich das so spielen, dass er zum Beispiel die Ringe auf allen Stäben platzieren muss und dann ein Leckerli erhält. Oder er soll alle Ringe abnehmen und bringen, um dann seine Belohnung zu erhalten. Es ist eigentlich total egal, wie Sie es spielen, es ist jedenfalls eine spaßige Beschäftigung für den Nachmittag im Garten.

Bowling

Bowling würde vermutlich auch als Trick durchgehen. Ich hatte es beim Vorbereiten des Buches sogar erst dort eingeordnet, empfand es dann aber doch als zu spielerisch für ein Kunststück. Bowling ist zwar beeindruckend, es ist aber auch

TASSO

ein wunderbares Spiel, um Abwechslung in den Alltag zu bringen, weil es eben so ganz anders ist als der Rest.
Für Bowling sammeln Sie sich erst einmal ein paar kleine und leichte Plastikflaschen, denn die sind später die Pins. Dann stellen Sie diese wie beim Bowling hintereinander auf und legen Ihrem Hund einen Ball hin. Hier ist es wichtig, dass der Ball nicht zu groß, nicht zu klein, nicht zu schwer und nicht zu leicht ist.
Mit dem Kommando „Roll" (siehe Seite 58), welches zuvor natürlich erlernt werden muss, schiebt Ihr Hund den Ball nun an. Schafft er es, einige der Pins umzustoßen, bekommt er ein Leckerli. Mit der Zeit versteht Ihr Hund dann, dass er auf die Flaschen zielen muss und so macht Bowling nicht nur immer mehr Spaß, Ihr Hund wird auch immer besser darin.

Apportieren

Apportieren ist der Klassiker unter den Beschäftigungsmöglichkeiten. Dabei geht es darum, dass Ihr Hund einen bestimmten Gegenstand zu Ihnen zurückbringt. Beispiel: Sie werfen einen Stock, Ihr Hund bringt Ihnen diesen entweder ohne Aufforderung oder auf Kommando zurück. Das Kommando wie zum Beispiel „Bring" ist schnell erlernt, denn es ist kurz und gut verständlich.

Apportieren lässt sich wunderbar mit einem Spaziergang kombinieren. Nehmen Sie doch einfach einen Ball oder ein anderes Spielzeug mit oder verwenden Sie einen Stock, den Sie unterwegs gefunden haben. Der darf dann auch ruhig mal einen kleinen Hügel hinuntergeworfen werden, woraufhin Ihr Hund den Berg erst hinab und dann wieder, mit dem Stock oder Ball im Maul, hinauflaufen muss. Das for-

dert sowohl seine Aufmerksamkeit als auch seine volle Energie, denn Steigungen strengen ganz schön an.
Apportieren ist auch ideal geeignet für den Garten. Da es ein ruhiges Hin und Her ist, überdreht der Hund meist nicht und findet auch sonst keinerlei Ablenkung. Er holt konzentriert sein Spielzeug und bringt es seinem Menschen. Es sollte aber nicht so lange gehen, bis beide das Interesse verlieren. Natürlich sollten Sie es sein, der das Spiel vorzeitig abbricht, und nicht Ihr Hund. Sobald also nachlassendes Interesse oder Erschöpfung bei dem Tier sichtbar werden, beenden Sie sofort das Spiel. Noch besser ist es, wenn man schon vorher das Spiel beendet, denn man soll aufhören, wenn es am schönsten ist. So freut sich der Hund umso mehr, wenn am nächsten Tag wieder gespielt wird.

AUCH KLEINE HUNDE APPORTIEREN

Viele denken übrigens, dass kleine Hunde nicht apportieren können, doch das stimmt nicht. Wenn Ihr Kleiner das Kommando gelernt hat und Spaß dafür entwickeln konnte, wird er auch mit viel Begeisterung apportieren. Was allerdings stimmt: Nicht jeder Hund findet darin seine Berufung, es kommt also auf den Charakter und das Wesen an. Erlernt werden kann es aber von jedem Hund.

Leine verlieren

Eine wunderbare Möglichkeit, den Hund zu beschäftigen, ihn aber auch gleichzeitig beim Spaziergang aufmerksam zu halten, ist es, einfach mal die Leine fallen zu lassen. Vollkommen kommentarlos lassen Sie die Leine liegen und gehen weiter.

Nach ein paar Metern bleiben Sie nun stehen. Schauen Sie Ihren Hund an, prüfen Sie seine Aufmerksamkeit und zeigen auf die Leine. „Bring" kann jetzt genutzt werden, denn Ihr Hund soll Ihnen die Leine bringen. Eine tolle Übung, die ruhig auch mehrmals pro Spaziergang stattfinden darf. So bleibt Ihr Hund nämlich besonders aufmerksam und auf Sie fokussiert, so wie es sein sollte.

Das Apportieren lässt sich natürlich auch im Haus üben. Hier gibt es unendlich viele Varianten, von denen einige im Folgenden aufgeführt werden.

Wäsche sammeln

Das Wäschesammeln würden zwar viele unter Tricks einordnen, ich sehe es aber eher als Apportierübung im Alltag. Bringen Sie Ihrem Hund hierfür bei, sämtliche Wäschestücke, die sich auf dem Boden befinden, nacheinander einzusammeln und in den Wäschekorb zu tragen. Das geht ganz einfach, indem Sie Ihren Hund zunächst für jedes Stück einzeln belohnen. Damit er es in den Wäschekorb trägt, kann ein „Bring" benutzt werden, wobei Ihre Hand im Wäschekorb wartet und den Hund an die richtige Position dirigiert.

Ist das Ganze erst einmal verinnerlicht und wurde es ein wenig geübt, sammelt Ihr Hund die Wäsche schon von ganz allein ein, sobald Sie mit dem Wäschekorb um die Ecke kommen. Natürlich können Sie auch ein Kommando dafür einführen, so etwas wie „Wäsche". Später verteilen Sie dann einfach ein paar Handtücher auf dem Boden und Ihr Hund darf Ihnen anschließend dabei helfen, diese wieder einzusammeln. Glauben Sie mir, er wird es lieben, weil er so eine wirklich sinnvolle Aufgabe bekommt, auf die er stolz sein kann.

Einkauf tragen

Oft nehmen Hundehalter ihren Hund mit zum Einkaufen, binden ihn vor dem Supermarkt an und gehen anschließend dann wieder mit ihm nach Hause. Auf dem Weg hin und zurück darf er dann nicht einmal schnüffeln, es soll ja nur schnell eingekauft werden, dafür ist also keine Zeit. Dabei macht es viel Sinn, den eigenen Hund wirklich aktiv mit in den Alltag einzubinden. Bei Kleinhunden ist das zwar oft nicht so einfach, doch es geht eigentlich immer.

Geben Sie Ihrem Hund daher irgendein Produkt von Ihrem Einkauf, welches er nach Hause tragen darf: die Brötchentüte, irgendein kleines Paket Käse oder sonst etwas. Es geht nur darum, dass er eine Aufgabe bekommt. Mit dem Kommando „Halt's fest" (siehe Seite 78) können Sie ihm dann signalisieren, dass er den Gegenstand tragen soll. Lässt er den Gegenstand fallen und rennt hinter Ihnen her, hilft ein „Bring".

Die meisten Hunde brauchen nicht lange, um zu verstehen, was zu tun ist. Ein wenig Training, schon klappt das sehr sicher. Der Hund ist anschließend überglücklich, weil er eine Aufgabe bekommen hat und diese meistern durfte. Die meisten Hunde stolzieren sogar mit dem Gegenstand regelrecht umher. Den Hund sinnvoll in den Alltag mit einzubinden, heißt die Devise. Seinen Hund den Einkauf tragen zu lassen, ist hier ein perfektes Beispiel.

Post holen

Die Post holen und den Einkauf tragen, das unterscheidet sich nicht großartig. Dabei müssen Sie nicht einmal Post bekommen. Nehmen Sie Ihren Hund einfach immer mit zum Briefkasten und bereiten Sie vorher schon einen Dummy vor, also einen Briefumschlag mit einem festen Stück Pappe drin, vielleicht besonders klein und an die Größe Ihres Hundes angepasst. Mit „Halt's fest" (siehe Seite 78) trägt er den Brief nun rein. Am besten üben Sie noch mit ihm, dass er den Brief immer an einer bestimmten Stelle ablegt, sozusagen im Postfach. Der Hund hat so jeden Tag eine feste Aufgabe am Morgen und das tut ihm gut. Außerdem klappt so etwas recht schnell und problemlos, es ist also ideal für den Alltag.

Suchspiel-Variationen

Such- oder Versteckspiele sind sehr unterhaltsam, vor allem weil sie wirklich überall gespielt werden können: in der Wohnung, im Garten, auf dem Spaziergang und natürlich im Wald. Als großer Fan von Suchspielen habe ich schon so manch eine verrückte Variante ausprobiert. Suchspiele erfordern den Einsatz der Nase, was für einen Hund sehr anstrengend ist und ihn entsprechend auslastet. Sie sind also perfekt dazu geeignet, um sie immer wieder zwischendurch mal einzubauen. Dabei können Fährten zum Ziel gelegt, das Spielzeug versteckt oder Leckerlis verteilt werden.

Letzteres eignet sich auch wunderbar für kalte Regentage, in denen große Spaziergänge ausfallen. Einfach in jede Sofaritze, unter den Tisch, in den Schrank, unter dem Teppich usw. ein paar Leckerlis platzieren und diese anschließend vom Hund, der zuvor in einem anderen Zimmer gewartet hat, suchen lassen. Suchspiele aber bitte nie übertreiben! Was so lustig wirkt, ist für den Hund wirklich sehr anstrengend und sollte daher auch nicht allzu lange am Stück gespielt werden.

Verstecken

Leckerlis zum Suchen verstecken, das ist eine Sache, doch sich selbst zu verstecken, das ist eine andere. Mit Verstecken ist genau das gemeint, wonach es klingt.

Der Mensch versteckt sich hinter einem Baum, hinter einem Stuhl, im Schrank oder sonst wo, während der Hund fleißig sucht. Im Idealfall sieht er gar nicht, wo Sie sich verstecken bzw. in welche Richtung Sie dabei gehen, sondern muss seine Nase und Ohren einsetzen, sich also voll und ganz auf Gerüche und Geräusche konzentrieren, um Sie zu orten. Das ist für ihn sehr anstrengend und fordernd, mehr als es für den Menschen zunächst scheint. Findet er Sie mal nicht, machen Sie ein Pieps-Geräusch oder Ähnliches und geben Ihrem Hund dadurch eine kleine Hilfestellung.

Versteckspiele bringen zu jeder Jahreszeit Abwechslung in den Spaziergang, sind aber ideal bei trockenem und warmem Wetter. Verstecken ist sehr einfach zu spielen, dennoch macht es nach meiner Meinung mit einem weiteren Begleiter am meisten Spaß. So kann sich einer von Ihnen nämlich verstecken, während der andere den Hund motiviert, ihn anleitet, eventuell kleine Hinweise gibt, um ihn nicht zu frustrieren, falls er mal keine Spur findet. Außerdem kann die zweite Person natürlich die Wege im Blick haben, falls Verstecken im Wald gespielt wird, wo ja auch noch andere Hunde, Fahrradfahrer, Jogger und oft auch Wanderer unterwegs sind. Das ist ein großer Spaß, den fast alle Hunde nur zu gern mitmachen. Mit ein bisschen Übung und Talent werden einige außerdem echte Profis im Wiederfinden.

Spielzeug suchen

Auch das Spielzeug Ihres Hundes kann für Versteckspiele verwendet werden. Lassen Sie Ihren Hund beim Spazierengehen einfach mal „Sitz" machen. Nun muss er warten, während Sie um eine Ecke gehen oder vor ihm von Baum zu Baum. An irgendeiner Stelle platzieren Sie nun das Spielzeug. Am Anfang sollte der Hund das Geschehen noch genau beobachten dürfen. Später, wenn er weiß, was zu tun ist,

können Sie das Spielzeug auch noch besser und verdeckter verstecken, sich hier und da absichtlich und sichtbar bücken, obwohl da nichts versteckt wird, um ihn vielleicht auf eine falsche Fährte zu locken.
Jetzt rufen Sie Ihren Hund und geben ihm das Kommando „Such", das er für dieses Spiel natürlich schon kennen muss. Während Ihr Hund nun fleißig sucht und Baum für Baum abläuft, dürfen Sie entspannt zuschauen oder ihm Tipps geben und ihn weiter motivieren und anfeuern.
So oder so sind Versteckspiele immer ein großer Spaß für Hund und Halter, weil sie relativ einfach umzusetzen sind, vom Hund aber die totale Konzentration und Nasenarbeit erfordern. Gegenstände zu finden ist für den einen oder anderen Hund gar nicht so einfach und daher eine tolle Aufgabe, auch während einer Pause auf der Bank oder einfach mal so nebenbei beim Spaziergengehen.

Reizangel

Spielchen mit der Reizangel gefallen mir persönlich deshalb so gut, weil sie den Hund wirklich auslasten und all seine Energie fordern. Es ist das ideale Spiel für den Garten.
Im Grunde handelt es sich hierbei um ein Hetzspiel. Gemeint ist ein Stock oder Stab mit einem Seil daran, an dessen Ende ein Knoten, ein Spielzeug oder irgendetwas anderes befestigt ist. Jetzt wird der Stock einfach so bewegt, dass das Seil immer vor dem Hund hergezogen wird. Ohne Stock wäre das nicht möglich, weil durch den verlängerten Arm genügend Abstand und Bewegungsfreiheit garantiert werden. So können Sie bequem auf der Stelle stehen bleiben, während Ihr Hund dem Seil, dem Knoten oder dem daran befestigten Gegenstand folgt. Bringen Sie

dabei ruhig ordentlich Bewegung rein, denn darum geht es ja letztendlich. Und natürlich darf er die „Beute" auch mal fangen.
Nicht jeder Hund mag solche aktiven Hetz- und Reaktionsspiele, doch viele fahren total drauf ab. Das Positive daran: Sie werden gut gefordert, müssen Haken schlagen und schnell reagieren, laufen sich mal so richtig aus, um dem Seil zu folgen. Genau deshalb sollten solche Spiele allerdings auch immer nur für eine kurze Zeitspanne erfolgen. Achten Sie daher genau auf Ihren Hund und überfordern Sie ihn auf keinen Fall. Er soll nicht bis zur Erschöpfung hinter der „Beute" herjagen. Dann ist wieder Zeit für eine kleine Pause und vielleicht möchte Ihr Hund auch erst einmal etwas trinken.

Fahrradfahren und Joggen

Viele Halter von Kleinhunden meinen, dass sie mit ihrem Hund keinerlei Sport oder schnellere Aktivitäten betreiben können. Aber natürlich kann man kleine Hunde ebenso zu sportlichen Aktivitäten mitnehmen. Man muss nur einiges beachten, unter anderem, dass jeder Hund einmal klein anfängt. Dies bezieht sich hier nicht auf die Größe, sondern auf das Thema Ausdauer und Muskulatur.
Kleine Hunde müssen langsam trainiert werden, damit sie in Form kommen, Muskeln aufbauen, Kondition bekommen und so immer weitere Strecken bewältigen können. Von 0 auf 100 geht natürlich nicht, das ist bei Menschen allerdings nicht anders. Haben Sie schon mal versucht, mit Sport anzufangen und gleich einen Marathon zu laufen? Das wird Ihnen vermutlich nicht gelingen und Ihrem Hund ebenso wenig. Fangen Sie deshalb mit kleinen Strecken an und steigern Sie diese nach und nach.

Sie müssen Ihren Hund also einfach langsam an Ihr Tempo und allmählich länger werdende Strecken gewöhnen, dann ist auch Sport kein Problem für die Kleinen. Möchten Sie mit ihm am Morgen eine Runde Fahrrad fahren oder einmal um den Block joggen? Kein Problem, doch achten Sie dabei auf Anzeichen von Ermüdung. Steigern Sie Tempo und Entfernung daher lieber langsam und beständig.

Laufen Sie jeden Tag eine Runde mehr, drehen Sie wöchentlich eine zusätzliche mit dem Fahrrad. Dann wird Ihr Hund gleichmäßig gefordert und seine Kondition verbessert sich immer mehr. Besonders bei warmem Wetter sollten Sie dabei aber regelmäßig kleine Trinkpausen einlegen.

NICHT SO GUT GEEIGNET

Nicht ganz so geeignet sind hierfür alle Rassen, die eine relativ kurze Schnauze besitzen wie Mops oder Bulldogge, da sie häufig Atemprobleme haben, körperlich nicht so belastbar sind und meistens auch keine Lust an solchen sportlichen Aktivitäten haben bzw. schnell überhitzen. Bei ihnen sollte man vor allem in der warmen Jahreszeit gänzlich auf solche Unternehmungen verzichten und auch die längeren Spaziergänge auf die kühleren Morgen- und Abendstunden verlegen.

AKTIV ZU JEDER JAHRESZEIT

Fast alle bisher beschriebenen Tricks, Beschäftigungen und Übungen können das ganze Jahr über durchgeführt werden. Aber trotzdem gibt es einige Aktivitäten, die nur zu bestimmten Jahreszeiten möglich sind, sowie gewisse Dinge, auf die man dann achten muss.

Im Frühling

Der Frühling beginnt in Deutschland meist nicht sonderlich schön oder gar sommerlich. Meistens bleibt es bei Matsch und vielleicht liegt sogar noch ein wenig Schnee. Eben noch Regen, kann bald schon wieder die Sonne scheinen.

Flexibel sein beim Spaziergang

Für Spaziergänge mit dem Hund bedeutet das vor allem, dass Sie flexibel sein müssen. Bei kaltem Wetter, Regen oder matschigem Schnee machen lange Spaziergänge mit einem kleinen Hund nur wenig Sinn. Nutzen Sie vielmehr die Momente am Tag, wenn die Sonne sich zeigt und ein paar ihrer wärmenden Strahlen verteilt. Spontan sein und rausgehen, wenn es sich lohnt, das ist jetzt das Motto. Frühling bedeutet also, auf Zack sein. Feste Zeiten kann und muss es hier nicht geben. Passen Sie sich ganz einfach an Ihre Umgebung und das Wetter an.

Und wenn die ersten schönen Frühlingstage kommen, lassen sich viele der oben erwähnten Spiele und Aktivitäten draußen in den Spaziergang mit einbauen: Versteckspiele, Apportierübungen, kleine Gehorsamsübungen, die nach dem Winter wieder aufgefrischt werden müssen, und vieles mehr.

Ruhe und ruhige Beschäftigung

Der Frühling kann ganz ruhig und gelassen starten. Auch Ihr Hund braucht schließlich nicht sofort wieder aufzudrehen, nur weil die ersten Sonnenstrahlen sichtbar sind. Reagieren Sie nicht auf jede Spielaufforderung, übertreiben Sie es nicht, geben Sie lieber klar vor, dass im Frühling eben nicht so viel los ist und der Hund ein wenig in den Ruhemodus schalten soll. Das bedeutet ein ruhiges Miteinander, eine ruhige Beschäftigung statt wilder Spiele und viel Bewegung.

Im Sommer

Der Sommer ist für Aktivitäten mit dem Hund die schönste Jahreszeit. Schluss mit dem nervigen Regenwetter und schlechter Laune. Jetzt verbringen die meisten Menschen ihre Zeit fast nur noch draußen im Garten, im Park, am See – Hauptsache eben in der Sonne, an der frischen Luft und in der Natur.

Der Sommer ist demnach für nahezu alles der ideale Zeitpunkt: zum Üben, zum stundenlangen Spazierengehen, zum Baden im See, zum Wandern und Entdecken der Natur. Jetzt macht auch das Laufen abseits der Wege wieder viel Spaß und Ihr Hund ist deutlich aktiver als noch im Frühling, Herbst oder gar im kalten Winter. Hier ein paar Ideen für eine ordentliche Beschäftigung im Sommer, denn bei all den Möglichkeiten fällt es am Ende oft schwer, sich für eine zu entscheiden.

Neue Wege und Orte entdecken

Wenn die Sonne scheint, dann sind Ausflüge an der Tagesordnung. Nehmen Sie sich am Nachmittag oder auch am Wochenende also die Zeit und fahren Sie mit Ihrem Hund einmal ganz woanders hin. Auch Hunden wird das Gassigehen auf derselben Strecke irgendwann langweilig. Auf einem kleinen Ausflug hingegen können ganz neue und spannende Eindrücke gewonnen sowie unbekannte Gerüche kennengelernt werden. Die fremde Umgebung bringt einfach mal wieder Schwung in den Alltag, auch für Sie selbst. Machen Sie also Ihren Kopf frei und genießen Sie die Wanderwege dieser Welt.

Biegen Sie im Wald einfach mal anders ab als normalerweise üblich und lernen Sie so ganz neue Wege kennen. Wandern Sie doch mal zur nächsten Ortschaft und nehmen für den Rückweg eine alternative Strecke. Auch für weitere Ausflüge ist jetzt die richtige Zeit. Schnappen Sie sich Ihren Hund und nehmen etwas Wasser zum Trinken mit. Fahren Sie an den nächsten See, zu einem Wandergebiet, in einen fremden Wald, einen Park, zu einer Hundewiese, vielleicht sogar mit der Bahn in eine andere Stadt – Hauptsache eben mal ganz woanders hin.

Neue Orte beleben die Sinne und stärken die Bindung zwischen Ihnen beiden. Ihr Hund wird sich bei der Heimkehr glücklich und zufrieden zusammenrollen und es Ihnen danken. Nur das Wasser für unterwegs nicht vergessen, denn die Hitze im Sommer macht Sie bestimmt beide ziemlich durstig.

Die Umgebung nutzen

Im Sommer ist alles trocken und von Matsch und Schnee ist keine Spur mehr. Also nutzen Sie aktiv die Umgebung, um mit Ihrem Hund Spaß zu haben. Springen Sie mit ihm über Baumstämme, verstecken Sie Leckerlis abseits der Wege oder im Gras, lassen Sie Ihren Vierbeiner über dicke Äste und Stämme balancieren. Ren-

nen Sie mit ihm Hügel hinauf und hinab, klettern Sie dorthin, wo Sie noch nie zuvor waren, und erleben Sie die Natur gemeinsam mit Ihrem Hund. Es gibt so vieles, was genutzt werden kann, da braucht man oft gar kein extra Spielzeug mehr.

Schwimmen

Jedes Wetter hat seine Vor- und Nachteile. Im Sommer ist die Sonne allerdings Vor- und Nachteil zugleich, denn nicht jeder Hund verträgt die Hitze so gut. Doch eine Sache mögen die meisten sehr gern, zumindest wenn sie es früh genug kennenlernen durften, nämlich das Schwimmen im kühlen Wasser.
Machen Sie mit Ihrem Hund also ruhig mal einen schönen Ausflug an den See oder den Fluss, gehen Sie an Bächen und anderen Orten, wo ein wenig Wasser zu finden ist, spazieren. Hunde nutzen das feuchte Nass im Sommer einfach zu gern aus, traben durch den Bach oder gehen im See eine Runde schwimmen.
Es spricht nichts dagegen und so sollte jeder die warme Jahreszeit nutzen, um seinem Kleinen das Schwimmen zu ermöglichen oder ihn das erste Mal ans Wasser zu gewöhnen. Und jetzt sagen Sie mir nicht, dass Ihr Hund kein Wasser mag, denn meistens liegt das nur daran, dass er sich noch nicht getraut hat hineinzuspringen oder keine Möglichkeit bekommen hat, es so richtig kennenzulernen. Zu spät ist es dafür allerdings nie, also gehen Sie gemeinsam mit Ihrem Hund ins Wasser und zeigen Sie ihm, wie schön das kühle Nass im Sommer doch sein kann. Tatsächlich ist das eine wunderbare Beschäftigung, die fordert, zusammenschweißt, abkühlt und vor allem jede Menge Freude bereitet, wenn Sie das Wasser gemeinsam mit Ihrem Hund nutzen.

Übrigens: Viele Hunde haben im natürlichen See, Bach oder Fluss keinerlei Probleme oder Scheu, mögen aber Schwimmbecken oder Gartenteiche so gar nicht leiden. Warum das so ist, darüber könnte ich nur spekulieren. Nur weil Ihr Hund aber das Planschbecken im Garten nicht mag, heißt das noch lange nicht, dass er grundsätzlich etwas gegen Wasser hat. So manch ein „Planschbecken-Verweigerer“ springt in der freien Natur dann nämlich doch in den See.

Baden im Garten

Schwimmen oder Abkühlen im Wasser geht auch daheim im Garten zum Beispiel in einem Pool, einem kleinen Teich oder dem eben bereits erwähnten Planschbecken. Je nach Möglichkeit können damit auch verschiedene Spiele kombiniert werden. Wer zum Beispiel nur einen nicht ganz so sauberen Gartenteich hat, kann seinem Hund auch beibringen, etwas herauszufischen oder zu angeln. Wer einen richtigen Pool hat, kann mit seinem Hund schwimmen gehen bzw. ihn erst einmal in aller Ruhe daran gewöhnen. An einem kleinen Gartenbach dagegen können Bälle hinuntergespült werden, die der Hund wieder einsammeln muss. Und in einem Planschbecken kann sich der Hund abkühlen und nach Leckerlis oder Spielzeug tauchen. Die Möglichkeiten sind vielfältig, da ist bestimmt etwas Passendes für Ihren Vierbeiner dabei.

ABDUSCHEN

Sollte das Wasser des Teiches oder Schwimmbeckens gechlort sein, brauchen Sie sich keine großen Sorgen zu machen. Im Normalfall ist das halb so schlimm. Spülen Sie Ihren Hund nur anschließend mit klarem Wasser aus dem Schlauch oder der Dusche ab, damit das Chlor nicht unbedingt im Fell und auf der Haut verbleibt. Achten Sie außerdem darauf, dass der Hund nicht Unmengen von dem gechlorten Wasser trinkt.

Hunde-Eis

Hunde und Eis, das klingt für viele erst einmal ganz schön merkwürdig. Ist es aber gar nicht, denn viele Hunde mögen Eis sehr gern und genießen im Sommer die Erfrischung. Am besten lässt es sich als Beschäftigung nutzen, denn Eis wird nun einmal geleckt und das dauert eine ganz Weile. Außerdem gibt es viele Variationen von Hunde-Eis und im Inneren kann auch immer ein besonders leckerer Kern versteckt werden, damit Ihr Hund motiviert bleibt und später bereits weiß, dass seine Hartnäckigkeit am Ende belohnt wird.

Beim Hunde-Eis ist fast alles erlaubt, schließlich gibt es das Eis nicht jeden Tag. Was Hunde gern fressen, können Sie daher in eine Form füllen und einfrieren. Ganz einfach oder total ausgefallen – es bleibt Ihnen überlassen. So macht es auch am meisten Spaß, weil Sie selbst kreativ sein dürfen und so immer neue Eis-Variationen für Ihren Hund erfinden können.

Geeignet sind Magerjogurt oder Quark gemischt mit etwas Hundefutter oder ein wenig Leberwurst mit klein gehackten Leckerlis, einigen Stückchen Wurst, durchgekochter Putenbrust oder anderen Fleischstückchen. Auch lässt sich Nassfutter ganz einfach mit ein wenig Wasser verdünnen und anschließend einfrieren, was ebenfalls eine gelungene Mischung für ein Eis ergibt. Sie sollten nur immer darauf achten, dass alles weitgehend zuckerfrei und ungewürzt ist und nichts Giftiges oder Schädliches enthält.

Die gewählte Mischung wird dann in Eiswürfelformen oder leere Joghurtbecher gefüllt, eingefroren und anschließend wieder herausgedrückt – fertig ist das leckere Hunde-Eis. Das ist einfach und schnell gemacht, im Sommer aber oft ein großer Spaß für Hunde, der sie eine ganze Weile beschäftigt.

Im Herbst

Schnell ist der Sommer wieder vorbei und die kühlen Tage beginnen. Aber auch der Herbst ist eine schöne Jahreszeit, die man durchaus mit seinem Hund genießen kann, wenn die richtigen Aktivitäten gewählt werden.
So haben die goldenen Wälder doch auch etwas ganz Besonderes an sich. Und gerade in dem Laub, welches nun überall auf dem Boden verstreut liegt, lässt sich mit dem Hund auch wunderbar spielen.

Herbstspaziergang

Wenn es im Herbst nicht regnet, vielleicht noch die Spätsonne angenehm wärmt und der Waldboden einigermaßen trocken ist, spricht nichts gegen einen langen Spaziergang mit Ihrem kleinen Hund. Auf den Wegen liegt das bunte Laub, was zum Spielen animiert, und andere Spaziergänger und Hunde sind durch die kahlen Büsche und Bäume ohne Blätter sofort und schon aus weiter Entfernung zu sehen. Letzteres ist natürlich einer der Vorteile im Herbst, denn wo im Sommer die Sicht meist nur bis zur nächsten Kurve reicht, lässt sich im Herbst quasi durch den halben Wald hindurchsehen, weshalb Tiere und Gefahren schon lange im Voraus entdeckt werden. Das macht auch das entspannte Spielen einfacher, weil niemand Angst haben muss, dass gleich ein rücksichtsloser Fahrradfahrer oder wild gewordener Hund um die Ecke biegt. Sie merken also schon: Der Herbst hat durchaus auch seine schönen Seiten.

Spaß bringt im Herbst vor allem die Einbeziehung der Natur mit sich. Verstecken Sie doch mal ein Leckerli oder das Spielzeug Ihres Hundes in einem Haufen mit trockenem Laub. Oder häufen Sie die trockenen Blätter erst einmal mit Händen

und Füßen an, bilden so einen großen, nein, einen gigantischen Berg aus trockenem Laub, und springen Sie mit Ihrem Hund hindurch. Das klingt jetzt alles furchtbar albern und kindisch, doch mit Hunden ist es das eben gar nicht. Das raschelnde Laub ist das ideale Spielzeug der Natur, die perfekte Beschäftigung im Herbst.

Spiele für regnerische Tage

Ein wunderbares Spiel für die regnerischen Tage ist ein kleiner Parcours in der Wohnung. Bauen Sie aus Stühlen, kleinen Beistelltischen, Hockern, Papierrollen oder ähnlichen Dingen einen kleinen Hindernisparcours in der Wohnung auf. Der darf ruhig relativ umfangreich sein, geht eventuell sogar einmal um den Tisch, über die Couch, durch den Flur und in ein anderes Zimmer.

Dabei können Sie unendlich kreativ sein. Der Hund braucht auch bei Regen eine Aufgabe und soll Spaß haben. Bauen Sie bereits gemeinsam an dem Parcours, lassen Sie ihn dann über Hocker hüpfen, unter Tischen und Stühlen hindurchkriechen, vielleicht sogar über selbst gebaute Brücken oder Wippen laufen. Das macht eine Menge Spaß, weil es etwas ist, was Sie gemeinsam mit Ihrem Hund erleben und bei dem beide beschäftigt sind.

Auch das Verstecken von Leckerlis, wie es schon weiter oben beschrieben wurde, ist ideal für Tage mit Schmuddelwetter.

Im Winter

Der Winter ist eigentlich eine recht schöne Jahreszeit, auch für die meisten Hunde. Im besten Fall liegt nun überall eine weiße Schicht aus weichem Schnee und es ist zwar kalt, doch durchaus angenehm. Außerdem ist es ein Spaß, durch den Schnee

hindurchzulaufen. Auch kleine Hunde mögen das, wenn sie den Schnee schon einmal so richtig kennenlernen durften.
Im Winter ist deshalb auch deutlich mehr los, als es zunächst scheint. Besonders wenn die Sonne hervorblickt und die kühle klare Luft sich mit angenehmer Wärme vermischt, fällt es schwer, sich nicht in den Winter zu verlieben.

Schneespaziergang

Hunde mögen, genau wie wir Menschen, lange Spaziergänge im Schnee sehr gern. Spazieren geht man zwar das ganze Jahr über, doch nur im Winter liegt der wunderbare Schnee – wenn man Glück hat, denn auch das ist in vielen Gebieten von Deutschland nicht immer der Fall.

Doch wenn dann mal Schnee liegt, sollte dieser auch ausgiebig genutzt werden: zum Spielen, um etwas zu erschaffen, einfach um dem Hund das eben erwähnte Wintervergnügen zu bescheren, damit der Hund auch Spaß am Schnee hat und ebenfalls die Jahreszeit als etwas ganz Besonderes erleben darf. Der Winter ist auch für den Hund eine willkommene Abwechslung zu den anderen Jahreszeiten.

Schneeball werfen

Was liegt im weißen Winter näher, als aus dem Schnee einen Schneeball zu formen? Das macht nicht nur Kindern viel Spaß, die sich im Winter so die eine oder andere Schneeballschlacht liefern, sondern eben auch den kleinen Hunden und ihren Haltern. Werfen Sie doch statt eines Balls mal einen selbstgeformten Schneeball. Die meisten Hunde lieben es nämlich, diesen mit einem Sprung kurz vor dem Aufprall abzufangen oder ihn einfach nur zu zerbeißen. Andere sehen dagegen gern zu, wie der Schneeball auf dem Boden zerschellt. So oder so macht es vielen Hunden aber eben einfach großen Spaß. Achten Sie bei den Spielen im Schnee nur immer darauf, dass Ihr Hund nicht zu viel davon frisst.

Leckerlis im Schnee

Suchspiele funktionieren im Schnee genauso gut wie im herbstlichen Laub. Lassen Sie Ihren Hund also einfach mal ein Leckerli aus dem Tiefschnee graben. Verstecken Sie den Leckerbissen doch in einem Schneeball oder Ähnlichem. Die Möglichkeiten sind groß. Achten Sie dann allerdings auch wieder darauf, dass Ihr Hund dabei nicht Unmengen an Schnee frisst bzw. übertreiben Sie es mit dem Verstecken nicht. Für ein paar Mal auf dem Spaziergang reicht es aber allemal und vielleicht gräbt Ihr Hund ja nicht nur nach Leckerlis, sondern auch mal nach seinem Spielzeug.

Tiefschnee-Wettrennen

Wenn draußen richtig viel Schnee liegt, dann liebe ich es, einfach mal von den Wegen abzuweichen. Immer wieder mache ich dann kurze Wettrennen mit meiner Kleinen, zum Beispiel einen schneebedeckten Hang hinauf und anschließend wieder hinunter. Besonders im tiefen Schnee ist das recht spaßig, weil meine Kleine dann viel Kraft braucht und sich regelrecht durcharbeiten muss, um nach oben zu gelangen. Das macht ihr sichtbar Freude und lastet sie dabei gleich auch noch hervorragend aus, sodass sie daheim anschließend richtig erledigt und müde ist. Kleine Wettrennen im Schnee, egal ob nun einen Hang hinauf oder nur abseits der Wege, sind im Winter daher absolute Pflicht, weil sie einfach Spaß machen, die Hunde auslasten und die Jahreszeit damit bestmöglich genutzt wird.

Schnee-Labyrinth

Im eigenen Garten oder auf der Wiese vor dem Haus kann man sich das eigene Schnee-Labyrinth bauen. So lassen sich im tiefen Schnee gerade für kleine Hunde relativ leicht Wege anlegen. Einfach mit einer Schneeschaufel einen Gang buddeln, der anschließend entsprechende Abzweigungen und weitere Wege enthält. Ist der Schnee schön fest und hoch, lassen sich sogar Tunnel, Hindernisse sowie allerlei andere Formen erschaffen, durch die Ihr Hund dann laufen kann.
Bei uns führt das im Winter oft dazu, dass ich die komplette verschneite Wiese vor dem Haus quasi umgrabe und ein riesen Labyrinth erstelle, mitsamt Tunneln, Schneemännern, Rutschbahnen und mehr. Meiner Kleinen macht das immer viel Spaß und allein das gemeinsame Bauen mit ihr ist bereits eine wahre Freude. Im Labyrinth selbst wird dann gerannt, ein Parcours überwunden, Spielzeug und Leckerlis werden versteckt – eben alles, was in der selbstgebauten Umgebung so möglich ist.

Ruhe, Wärme, Gemeinsamkeit

Ansonsten sollte im Winter einfach nicht alles so hektisch zugehen. Bei Schnee lasst sich wunderbar spazieren gehen und deshalb darf daheim dann auch in Ruhe entspannt werden. Viele Hunde wärmen sich nun erst mal auf, schlafen eine Runde und genießen das Beisammensein.
Davon abgesehen sind die Tiere im Winter oft etwas anhänglicher, weshalb die gemeinsame Zeit auch genutzt werden sollte. Kuscheln Sie ruhig mal wieder intensiver mit Ihrem Hund, lassen Sie sich mehr Zeit für das gemeinsame Kontaktliegen oder üben Sie ein paar der Tricks aus diesem Buch.

HUNDESPORT

Wer abseits von den Spielen und den Tricks auch ein beständiges Hobby mit seinem Hund haben möchte, sollte sich am besten mal ein wenig mit dem Thema Hundesport beschäftigen. Das ist auch mit Kleinhunden überhaupt kein Problem und kann ziemlich viel Freude bereiten, weil es eine gemeinsame Aktivität darstellt. Hundesport kann privat allein oder zusammen mit anderen Hundehaltern betrieben werden, auch viele Hundeschulen haben hier spezielle Angebote.
Für Kleinhunde müssen viele Arten natürlich ein wenig abgewandelt oder modifiziert werden. Deshalb sollte es in einer Gruppe stattfinden, in der auch andere Kleinhunde mit dabei sind, oder in einer Gruppe, in der das Programm speziell an Kleinhunde angepasst wurde. Bei gemischten Gruppen werden meistens bestimmte Hunde vernachlässigt, im schlimmsten Fall kennen sich die Verantwortlichen gar nicht mit Kleinhunden aus bzw. gehen nicht gesondert darauf ein.

Agility

Der wohl bekannteste und beliebteste Hundesport ist vermutlich Agility. Das bedeutet nichts anderes als Agilität bzw. Gelenkigkeit und gemeint sind damit Hindernis-Parcours für Hunde. Also Röhren und Tunnel zum Durchlaufen, Wippen und Brücken zum Überqueren, Reifen zum Durchspringen und vieles mehr. Das kann auch im Garten mit selbst gebastelten Hindernissen aufgebaut und eigenen Ideen kombiniert werden. Ziel ist es am Ende, den Hund durch den Parcours zu führen, also ganz gezielt anzuleiten.

Im professionellen Bereich wird Agility oft als harter Wettkampf betrieben und hat nur noch wenig mit Spiel und Spaß zu tun. Hunde werden dort über Hindernisse gehetzt wie in einem Rausch. Der Mensch will nur noch siegen und die sinnvolle Beschäftigung des Vierbeiners steht nicht mehr im Vordergrund. Meiner Meinung nach ist das alles andere als angebracht, deshalb achten Sie bitte immer auf das gemeinsame Miteinander mit Ihrem Hund. Verlieren Sie das nicht aus den Augen und üben Sie niemals mit Zwang oder Druck, dafür aber mit viel Spaß und starker Bindung.

Wer selbst nicht so sportlich ist oder nicht möchte, dass sein Hund so viel springen muss, für den gibt es jetzt auch das sogenannte Hoopers-Agility. Hier läuft der Hund durch Hindernisse, ohne irgendwo drüber springen zu müssen. Der Mensch muss dabei nicht mitrennen, sondern weist seinen Hund aus der Distanz an, was natürlich im Training geübt wird. Eine sinnvolle Alternative zum Ausprobieren.

Dogdancing

Dogdancing klingt für die meisten erst einmal total lächerlich und albern. Aus menschlicher Sicht ist das wohl auch verständlich. Für den Hund ist das aber kein Tanzen, wie es der Mensch ansieht, sondern gezielte Bewegung mit genauer Beobachtung, die hohe Konzentration erfordert. Beim Dogdancing wird mit dem Hund zur Musik getanzt – rhythmisch und mit eigener Choreografie. Das erfordert viel Übung und Aufmerksamkeit vom Tier, ist also recht anstrengend und fordernd und außerdem eine gute Beschäftigung und starke Auslastung.

Dabei gilt natürlich auch hier, alles mit Spaß zu betreiben. Denken Sie sich doch mal unverbindlich ein paar nette Bewegungen zu Ihrem Lieblingslied aus und üben Sie diese zusammen mit Ihrem Hund. Das kann viel Spaß bereiten und ist durchaus eine anspruchsvolle Beschäftigung. Dabei sind alle möglichen Arten von Bewegungen denkbar, zum Beispiel Durch-die-Beine-Laufen, spezielle Kreuzschritte und vieles mehr. Beim Dogdancing geht es letztendlich um Kreativität und darum, dem Hund die richtigen Bewegungen zu vermitteln und gezielt beizubringen. Es geht also um die Bindung und das gemeinsame aufmerksame Beobachten des Gegenübers.

Fährtenarbeit

Jagdhunde haben an Fährtenarbeit viel Spaß, für kleine Hunde ist das aber nichts – das sagt der ein oder andere, der allerdings keine Ahnung davon hat, wie intelligent, aufmerksam und aktiv die Kleinen doch sein können. Hat Ihr Hund die Fährtenarbeit erst einmal verinnerlicht, kann das Ganze ein super Hobby werden. Dabei geht es darum, dass Ihr Hund lernt, einem Geruch zu folgen. Verschiedene Gegenstände können im Wald platziert werden und Ihr Hund soll die Fährte dazu finden, die am Ende zum Ziel führt.

Beherrscht der Hund das schon gut, kann sich später natürlich auch ein Mensch im Wald verstecken, der zwischendurch verschiedene Gegenstände platziert. Am Anfang kann dagegen mit Wurstwasser oder Ähnlichem geübt werden, welches als Spur bis zu einem bestimmten Ziel gelegt wird. Das kann zunächst eine kleine Köstlichkeit oder das Lieblingsspielzeug sein, mit dem dann zur Belohnung ein paar Minuten getobt wird.

Fährtenarbeit ist eine tolle Sache und macht, etwas Übung vorausgesetzt, wirklich viel Freude. Testen Sie doch einfach mal aus, ob Ihr Hund dafür geeignet ist bzw. selbstständig Spaß daran findet.

Dummytraining

Im Grunde ist Dummtraining nichts anderes als Apportieren. Der Unterschied: Ihr Hund soll einen Gegenstand genau im Auge behalten, um diesen anschließend zu holen – also apportieren, nur eben unter verschärften Bedingungen. Was früher die abgeschossene Ente war, ist heute der Dummy. Es geht darum, dass der Hund die Flugbahn genau und selbstständig beobachtet, um den Dummy anschließend zielgerichtet zurückholen zu können. Das Wichtigste oder Besondere dabei ist, dass Ihr Hund gut gehorcht und tatsächlich selbstständig darauf achtet, wo der Dummy landet bzw. wo genau er hinfliegt.

Das aufmerksame Beobachten macht den Unterschied zum einfachen Apportieren. Im Normalfall sitzt der Hund zunächst still neben Ihnen, wie früher beim Jäger, und holt die Beute, also den Dummy, erst auf ein bestimmtes Signal hin. Zuvor ist er hochkonzentriert und ein extrem aufmerksamer Beobachter.

EIN PAAR WORTE ZUM SCHLUSS

Gemeinsam leben, das ist ein gutes Schlusswort. Das Buch hier soll vor allem eine kreative Hilfe sein, viele Beispiele aufzeigen und einen Eindruck davon vermitteln, wie viel Spaß das Leben mit einem Hund machen kann, wenn dieser sinnvoll beschäftigt wird. Das ist mir enorm wichtig, denn viel zu oft werden Hunde als selbstverständlich angesehen oder wie Nebensächlichkeiten behandelt. Dann bleiben sie lange allein und niemand macht sich Gedanken darüber, dass das für ein Rudeltier absolut das Schlimmste ist. Gemeinsam leben heißt daher die Devise, nicht nebeneinander her. Sie sind ein Team, ein Rudel, Ihr Hund vertraut und folgt Ihnen.
Sich einen Hund anzuschaffen, damit die Wohnung nicht leer ist, ist kein guter Grund. Sich einen Hund anzuschaffen, weil man davon träumt, so neue Leute kennenzulernen oder öfter mal rauszugehen, auch nicht. Er ist kein Kinderersatz, keine Seelsorge, ein Hund ist nicht einfach nur da und kann nach Belieben hin- und hergeschoben werden.
Wenn Sie einkaufen gehen, möchte er die Einkäufe tragen oder sinnvoll eingebunden werden. Wenn Sie am Morgen aufstehen, ist er bereits bei Ihnen und möchte einen Spaziergang machen. Er möchte mit Ihnen leben. Vergessen Sie das bitte nie, denn viel zu oft werden Hunde nicht artgerecht gehalten, nicht richtig beschäftigt, werden chronisch unterfordert und müssen sich den ganzen Tag nur langweilen. Gerade bei Kleinhunden ist das ein großes Problem.
Am Ende gibt es kaum noch etwas zu sagen, was im Buch nicht schon in irgendeiner Art und Weise Erwähnung gefunden hätte. Ich hoffe aber sehr, dass Ihnen das Buch gefallen hat, dass es eine Hilfe war oder – besser noch – eine kreative Anregung für eigene Ideen.

Oft versacken Halter mit ihren Hunden nämlich unbeabsichtigt im Alltag, erstarren in Routine und täglichen Spielchen, die sich stets gleichen und fast schon automatisch abgespult werden. Mit dem Buch wollte ich Impulse setzen, Beispiele aufzeigen, eigene Gedanken anregen und die, die ein wenig die Lust verloren haben, wieder dazu motivieren, sich intensiv mit ihrem kleinen Hund zu beschäftigen.
Auf der anderen Seite ist es mir nach wie vor ein großes Anliegen, das immer noch vorherrschende Vorurteil des Schoßhundes abzuschaffen. Es ist eigentlich unbegreiflich, wie die Menschheit sich so weit entwickeln konnte, wo ihr doch oft das Verständnis für die einfachsten Dinge fehlt, zum Beispiel, dass Hunde nicht wie Spielzeuge behandelt werden sollten. Auch die kleinsten nicht, denn auch die sollten nicht einen Charakter aufgedrückt bekommen, der gar nicht zu ihnen passt. Also raus mit den Kleinhunden aus dem Schubladen-Denken, denn auch die Kleinen sind echte Hunde und wollen so gesehen, behandelt, gefordert werden.
Ich möchte am Ende auch noch einmal dem Verlag Oertel+Spörer danken, der mutig war und meine Bücher veröffentlichte, obwohl sie nicht unbedingt dem Mainstream entsprachen. Mein Ziel war es, immer aufzuklären, nicht den Leuten nach dem Mund zu reden oder scheinheilige Produkte zu loben. Vielmehr ist es mir ein Anliegen, die artgerechte Erziehung und Beschäftigung von Kleinhunden zu thematisieren, die leider viel zu oft untergeht, auch durch kitschige Tierfilme oder die allgemein falsche Darstellung innerhalb der Medien.
Am Ende ist es immer sehr einfach, einen Hund zu haben und sich daran zu erfreuen, doch die Leidenschaft und Freude, die Ihr Herz empfindet, wenn Sie mit Ihrem Hund kommunizieren, ihn verstehen, gemeinsam mit ihm leben und eben nicht nur aneinander vorbei, ist unbeschreiblich. Mit meiner Chihuahua-Hündin Amy erlebe ich das Tag für Tag. Sie mag klein sein, doch die Wahrheit ist: Sie ist riesengroß. Ich hoffe, es geht Ihnen mit Ihrem Hund ganz genauso.